全国勘察设计
建筑环境与能源应用工程专业
优秀工程 3

中国勘察设计协会建筑环境与能源应用分会　主编

中国建材工业出版社
北　京

图书在版编目（CIP）数据

全国勘察设计建筑环境与能源应用工程专业优秀工程 . 3/
中国勘察设计协会建筑环境与能源应用分会主编 .
--北京：中国建材工业出版社，2023.10
　ISBN 978-7-5160-3832-1

　Ⅰ. ①全…　Ⅱ. ①中…　Ⅲ. ①建筑设计－节能设计－
中国－案例　Ⅳ. ①TU201.5

中国国家版本馆 CIP 数据核字（2023）第 187937 号

全国勘察设计建筑环境与能源应用工程专业优秀工程 3
QUANGUO KANCHA SHEJI JIANZHU HUANJING YU NENGYUAN YINGYONG
GONGCHENG ZHUANYE YOUXIU GONGCHENG 3

出版发行：中国建材工业出版社
地　　址：北京市海淀区三里河路 11 号
邮　　编：100831
经　　销：全国各地新华书店
印　　刷：北京印刷集团有限责任公司
开　　本：787mm×1092mm　1/16
印　　张：12.75
字　　数：300 千字
版　　次：2023 年 10 月第 1 版
印　　次：2023 年 10 月第 1 次
定　　价：**68.00 元**

本书编审委员会

主　　任：罗继杰

副主任：张　杰　　潘云钢　　戎向阳　　马伟骏　　方国昌

成　　员：寿炜炜　　伍小亭　　朱建章　　于晓明　　屈国伦

马伟骏　　杨　毅　　张铁辉　　夏卓平　　吴祥生

吴大农　　徐稳龙　　黄世山　　赵　民　　李向东

孙向军　　满孝新　　杨爱丽　　廖坚卫　　陈祖铭

杨　玲　　李　刚　　孙兆军　　黄　中　　陈焰华

马　德　　吴延奎　　劳逸民　　龚　雪

策　　划：杨爱丽

统　　稿：龚　雪

前　　言

在倡导绿色、低碳生产生活方式的当今，暖通空调工程在行业的节能减排中居于重要地位。对暖通空调工程进行精细化设计、采用适宜技术和设备，通过智能化调控，达到室内环境要求和符合碳排放的要求，考验着设计师的智慧。优秀暖通空调工程设计贯穿着绿色创新理念，对工程的节能减排做出了示范和借鉴。因此，中国勘察设计协会建筑环境与能源应用分会一直重视对优秀工程设计的宣传和推广工作，分会在中国勘察设计协会行业奖获奖项目基础上，已经出版发行 2 本优秀工程案例集。

2022 年，中国勘察设计协会开展了 2021 年度"工程勘察、建筑设计行业和市政公用工程优秀勘察设计奖"评选活动，建筑环境与能源应用专业共有 36 个工程设计项目获奖，其中一等奖 5 项，二等奖 9 项，三等奖 12 项。此外，分会组织评审了第 1 届"大师杯"高能效空调系统工程大赛，评出卓越奖 2 项，优胜奖 8 项，优秀奖 6 项，参与奖 32 项；组织评审了第 4 届"全国建筑环境与能源应用工程专业青年设计师设计大赛"，评出第一名 1 项，第二名 5 项，第三名 10 项，优秀项目 15 项；组织评审了第 5 届"金叶轮奖"暖通空调设计大赛，评出金奖 1 项，银奖 5 项，铜奖 21 项，优秀奖 30 项，入围奖 60 项。获奖项目展现了暖通空调人追求卓越的创新精神，严谨科学的实干精神，是行业在新时代创新发展的生动写照。

为充分宣传上述工程评选赛事的获奖项目，进一步提高行业设计水平，分会组织编写《全国勘察设计建筑环境与能源应用工程专业优秀工程 3》。

本书共收录 2021 年度"工程勘察、建筑设计行业和市政公用工程优秀勘察设计奖"（建筑环境与能源应用专业）获奖项目 7 项，第 1 届"大师杯"高能效空调系统工程大赛获奖项目 2 项，第 4 届"全国建筑环境与能源应用工程专业青年设计师设计大赛"获奖项目 7 项；第 5 届"金叶轮奖"暖通空调设计大赛获奖项目 10 项。

本书收录的获奖工程项目既包括科研办公建筑、公共交通建筑、超高层建筑、博览建筑、文化旅游建筑、商业综合体建筑，也包括了工业建筑、能源基础设施、节能改造设计等内容，很多项目为国家重大工程项目和地方的标志性项目。获奖工程设计所采用的理念、分析方法、先进创新技术应用，具有示范推广和参考价值。获奖工程的汇集和问世，是对我国新时代暖通空调工程设计水平的检阅与展示，是对辛勤耕耘在设计一线并取得优异成绩的设计师的表彰，也是分会坚持初心，致力建设绿色暖通的一项重要工作。

节约资源是我国的基本国策，可持续性发展是国家战略。室内环境建设与能源利用关系到国计民生、国家安全、环境保护，是全社会关注的问题。它赋予了"建筑环境与能源应用专业"不可推卸的责任和义务，在绿色建筑、健康建筑、智慧建筑、超低能耗建筑、装配式建筑中将会承担起越来越多的工作，发展潜力巨大，前景广阔，暖通行业因而成为推动我国建筑科技事业进步和创新发展的一支重要力量，同时也把建筑环境与能源应用分会推到了节能减排的前台。因此增强设计师的创新、创优意识，不断提高设计能力与设计精细化水平正是分会工作的宗旨所在。

从创优到评奖，至今天图集出版，其中包含着许许多多获奖工程的设计者、评委、编委、编辑人员的智慧和汗水，在此，分会向他们致以最诚挚的感谢和崇高敬意！

中国勘察设计协会建筑环境与能源应用分会

2023 年 10 月 22 日

目　　录

2021 年度"工程勘察、建筑设计行业和市政公用工程优秀勘察设计奖"（建筑环境与能源应用专业）

第 4 届"全国建筑环境与能源应用工程专业青年设计师设计大赛"

第 5 届"金叶轮奖"暖通空调设计大赛

第1届"大师杯"高能效空调系统工程大赛

2021 年度"工程勘察、建筑设计行业和市政公用工程优秀勘察设计奖"

（建筑环境与能源应用专业）

北辰核心区 1 号综合能源站综合能源系统工程

- 建设地点： 天津市
- 设计时间： 2015 年 3 月—2016 年 12 月
- 竣工时间： 2017 年 10 月一期竣工
- 设计单位： 中国建筑科学研究院有限公司
- 主要设计人：狄彦强　李颜颐　吴春玲
　　　　　　　刘　芳　李玉幸　冷　娟
　　　　　　　马　靖　张志杰　付　强
- 本文执笔人：刘　芳

作者简介：

　　刘芳，高级工程师，就职于中国建筑科学研究院有限公司。主要设计代表作品：北辰核心区 1 号综合能源站工程、杭州滨江金茂府科技系统工程、韩村河新农村 10kV 固体蓄热电锅炉清洁采暖项目、江苏中技天峰云起苑地源热泵项目。

一、工程概况

　　天津市北辰核心区 1♯综合能源站项目为新建建筑，能源站位于北辰核心区，沁河中道与淮东路交叉口东南角（见图 1）。本能源站供热范围为：北至北辰道，南至龙门东道，西至潞江东路，东至外环线，总供热面积 212.35 万 m²，并预留远期潞江东路以西约 84 万 m² 供热负荷，总供热能力约 296.35 万 m² 建筑面积。本能源站供冷范围为：22♯地块公共建筑，约 46.63 万 m² 建筑面积。能源站占地面积 4972m²，总建筑面积 10336.07m²。地下 1 层、地上 3 层。

图 1　项目外景

供冷系统包括燃气冷热电三联供系统＋冰蓄冷系统＋常规基载冷水机组，区域供冷负荷 43.8MW，全部为公共建筑，根据 CJJ 34—2010《城镇供热管网设计规范》推荐值，确定单位面积平均冷指标为 100W/m²。供热系统包括燃气冷热电三联供系统＋冷凝低氮燃气热水锅炉，区域供热负荷 105.92MW（总供热面积 212.35 万 m²），远期总供热负荷 150.2MW（总供热面积约 296.35 万 m²），根据北辰区采暖现状，综合考虑各项节能措施，依据《天津市供热专项规划（2014—2020 年）》和《北辰区供热专项规划（2015—2030年）》，并结合 CJJ 34—2010《城镇供热管网设计规范》、JGJ 26—2010《严寒和寒冷地区居住建筑节能设计标准》、DB 29-1—2013《天津市居住建筑节能设计标准》以及 DB 29-153—2014《天津市公共建筑节能设计标准》中相关内容，考虑管网损失等因素，确定公共建筑单位面积平均热指标为 58W/m²，居住建筑单位面积平均热指标为 38W/m²。能源站供冷供热系统总投资 1.3 亿元，供暖单方造价 25 元/m²，供冷单方造价 175 元/m²。1号能源站建筑冷热负荷汇总见表 1。

1 号综合能源站建筑冷热负荷计算汇总 　　　　　　　　表 1

用地性质	供热面积（万 m²）	供冷面积（万 m²）	热负荷（MW）	冷负荷（MW）
公共建筑	126.12	46.63	73.15	46.63
居住建筑	86.23	—	32.77	—
小计	212.36	46.63	105.92	46.63
预留远期新增居住建筑	84	—	31.92	—
合计	296.36	46.63	137.84	46.63

目前该系统一期 5 台模块式燃气热水锅炉＋2 台 8.4MW 燃气热水锅炉已于 2017 年冬季投运，二期 3 台 14MW 燃气热水锅炉已于 2020 年冬季投运，运行情况良好。

二、供冷供热系统方案及技术亮点

1. 燃气冷热电三联供系统，提高综合能源利用率

（1）燃气冷热电三联供系统是一种建立在能量的梯级利用概念基础上，以天然气为一次能源，产生热、电、冷的联产联供系统。它以天然气为燃料，利用小型燃气轮机、燃气内燃机、微燃机等设备将天然气燃烧后获得的高温烟气首先用于发电，然后利用余热在冬季供暖，在夏季通过驱动吸收式制冷机供冷；同时还可提供生活热水，充分利用了排气热量。一次能源利用率可提高到 80％左右，大量节省了一次能源。

（2）燃气内燃发电机组利用天然气燃烧产生的高品位热能发电，2 台燃气内燃发电机组，发电功率 2000kW/台。发电机与市电并网不上网，所发的电量夏季用于地源热泵机房（在北辰核心区 20♯地块绿地下，待建）地源热泵机组制冷使用，冬季输出为地源热泵机房地源热泵机组制热使用（北辰核心区 20♯地块由燃气发电驱动的地源热泵机组承担的负荷不包括在区域总冷热负荷内）。考虑到北辰核心区 20♯地块地源热泵项目为远期建设项目，三联供系统容量配置不宜过大，因此按夏季制冷系统低压侧用电量 4000kW 配置，所发电量可先供本站冷源及附属设备使用。

（3）夏季将燃气内燃机燃烧后的烟气以及发电机缸套水送入烟气热水型溴化锂双效吸

收式冷热水机组，产生冷水；冬季将燃气内燃机燃烧后的烟气送入烟气热水型溴化锂双效吸收式冷热水机组，产生热水，同时将发电机缸套水进入水-水换热板式换热器，产生热水。2 台烟气热水型溴化锂双效吸收式冷热水机组，额定制冷量为 2219kW，额定制热量为 2018kW。

（4）分别在每台吸收式冷热水机组烟气出口设置 1 台 400kW 烟气-水换热器，用于充分回收排烟余热，利用烟气余热预热部分回水。

（5）冷热电三联供系统综合能源利用率高达 75％以上。

2. 冷凝低氮燃气热水锅炉系统，通过大小容量匹配满足近远期供热负荷需求

在能源站顶层设置燃气锅炉房。根据北辰核心区建筑分期建设，采用了与之匹配的锅炉容量组合。

（1）5 台 1.4MW 模块式冷凝低氮燃气热水锅炉，用于核心地块最先建成的正荣、融创地块的初期供热，后期作为负荷调节模块。

（2）2 台 8.4MW 冷凝低氮燃气热水锅炉，用于满足正荣、融创地块全部供热。

（3）6 台 14MW 冷凝低氮燃气热水锅炉满足 13＃、14＃、17＃、18＃、21＃、22＃地块建筑物供热需求。

（4）为远期 11＃、12＃、15＃地块及 16＃、19＃地块部分建筑预留 3 台 14MW 冷凝低氮燃气热水锅炉。

3. 合理配置冰蓄冷系统，移峰填谷，节省运行费用

夏季集中供冷由冷电联产系统和冰蓄冷系统共同承担，采用冰蓄冷可降低供水温度，增大供回水温差，减少一次管网输送能耗，同时利用谷电蓄冷，进一步节省运行费用。该项目谷电价格为 0.28 元/kWh，采用燃气分布式能源时，与享受峰谷电价不冲突。

在能源站 3 层设置制冷机房，并在地下 1 层设置蓄冰槽。在高峰电价及较大供冷负荷时段优先采用蓄冰槽释冷模式。不足的供冷量由常规离心式冷水机组提供。这样有利于可再生电力的消纳。

（1）设置 2 台离心式双工况制冷机组，常规工况制冷量 10000kW（2.5℃/10.5℃），蓄冰工况制冷量 6300kW（−6℃/−2℃）。夜间低谷电价时段（23：00—7：00）蓄冰，其他时段作为补充冷源进行调节制冷。4 台冷却塔，用于双工况制冷机组散热，单台循环水量 1200m³/h。

（2）1 台离心式冷水机组，制冷量 5000kW（4.5℃/12.5℃），1 台冷却塔，用于离心式冷水机组散热，单台循环水量 1200m³/h。

（3）混凝土蓄冰槽，蓄冰容量 31320rth。单个蓄冰盘管的蓄冰容量为 348rth。

（4）4 台释冷板式换热器，单台换热量 7700kW。

（5）冰蓄冷系统采用串联主机上游内融冰式。蓄冷时乙二醇溶液泵将−2℃的乙二醇溶液输送至双工况制冷机组，降温至−6℃输送至蓄冰槽进行蓄冰；释冷时低温乙二醇溶液进入释冷板式换热器与二次侧冷水回水换热，高温乙二醇溶液通过乙二醇溶液泵输送至双工况制冷机组，进行一级降温后进入蓄冰槽进行二级降温，再送至释冷板式换热器与外网回水换热。

4. 分布式变频泵系统，降低输配能耗

能源站供热一次管网近端单程 200m，远端单程 2000m，各支路阻力差相差较大，为了减少一次网循环水泵输配能耗，冷热水系统采用分布式变频泵系统，站内冷热水循环泵只克服源侧的循环阻力。北辰核心区的各换热站内设置一次侧变频循环泵克服从能源站分集水器到换热站部分的循环阻力。采用以泵代阀，减少了常规系统为满足最不利环路资用压头而造成其他环路资用压头过剩带来的不必要输送能耗。各换热站内的一次侧变频循环泵采用二次侧出水温度控制转速。

5. 智慧能源管理平台，提升能源综合利用效率

可以实现能源数据和设备信息的存储、展示、计算、分析，实现远程控制与资产设备的综合管理，大大提升能源综合利用效率。

三、供冷供热系统设计参数

1. 冬季

供热一次管网供回水设计温度：80℃/60℃；
用户换热器二次侧供热的供回水温度：70℃/50℃。

2. 夏季

供冷一次管网供回水设计温度：4.5℃/12.5℃；
常规冷水机组冷水供回水温度：4.5℃/12.5℃；
双工况制冷机组空调工况冷水供回水温度：2.5℃/10.5℃；
双工况制冷机组蓄冰工况冷水供回水温度：−6℃/−12℃；
用户换热器二次侧供冷的供回水温度：5.5℃/13.5℃；
冷热源设备容量匹配见表2，主要设备参数见表3。

冷热源设备容量匹配　　　　　　　　　　　　　　　　表2

制冷工况容量配置（kW）			
双工况制冷机组		常规冷水机组	吸收式烟气热水机组
蓄冰工况	空调工况		
12600	20000	5000	4439.6

供热工况容量配置（kW）			
燃气热水锅炉	预留远期燃气热水锅炉	吸收式烟气热水机组	合计
107800	42000	4036	153836

主要设备参数　　　　　　　　　　　　　　　　表3

序号	设备名称	性能参数		单位	数量	备注
		夏季冰蓄冷系统				
1	双工况主机	蓄冰工况（−6℃/−12℃）制冷量（kW）	6300	台	2	机组冷凝器自带端盖式在线清洗装置，配电功率25W，与冷水机组一体供货，无需现场安装
		蓄冰工况功率（kW）	1729			
		蓄冰工况机组COP	3.64			
		空调工况（2.5℃/10.5℃）制冷量（kW）	10000			
		空调工况功率（kW）	1729			
		常规主机空调工况COP	6.10			

序号	设备名称	性能参数		单位	数量	备注
2	常规冷水机组	空调工况（4.5℃/12.5℃）制冷量（kW）	5000	台	1	机组冷凝器自带端盖式在线清洗装置，配电功率25W，与冷水机组一体供货，无需现场安装
		空调工况功率（kW）	912			
		常规主机空调工况 COP	5.48			
3	冷却塔	冷却水流量（m³/h）	1200	台	5	湿球温度28℃，进出水温度32℃/37℃
		风机功率（kW）	45.00			
4	冷却塔循环泵	流量（t/h）	1380	台	6	效率 84.17%，变频，一台备用
		扬程（m）	30			
		功率（kW）	160			
5	冷却水旁流水处理器	功率（kW）	1.80	台	1	—
6	冷热水循环泵	流量（t/h）	1200	台	6	一期投产 2 台，效率90%，变频
		扬程（m）	27			
		功率（kW）	110			
7	初期冷热水循环泵	流量（t/h）	350	台	1	一期投产，效率84.04%，变频
		扬程（m）	27			
		功率（kW）	37			
8	蓄冰槽	蓄冰槽容量（MWh）	109.93	台	90	—
		单个蓄冰槽容量（rth）	348			
		单个蓄冰槽容量（kWh）	1221.48			
9	释冷板式换热器	温差（℃）	2	台	4	—
		换热量（kW）	7698			
		传热系数［W/(m²·K)］	3000			
		面积（m²）	1283			
		一次侧 2.5℃/10.5℃，二次侧 4.5℃/12.5℃				
		尺寸	3.5m×1.3m×3m			
10	蓄冷释冷循环泵	流量（t/h）	1388.32	台	4	效率86.06%，三用一备，变频
		扬程（m）	35			
		功率（kW）	220			
11	补水定压真空脱气装置	2台变频补水泵一用一备，流量（t/h）	75	套	1	一期投产两台补水泵，一个定压罐，补水泵效率72.87%，变频
		扬程30m，功率（kW）	11	台	2	
		定压罐 V＝8m³，3 台		台	3	

序号	设备名称	性能参数		单位	数量	备注
冬季供暖系统						
12	燃气热水锅炉	制热量（kW）	14000	台	6	$NO_x \leqslant 30mg/m^3$，额定承压不小于 1MPa，自带控制柜
		功率（kW）	67			
13	燃气热水锅炉	制热量（kW）	8400	台	2	一期投产，$NO_x \leqslant 30mg/m^3$，额定承压不小于 1MPa，自带控制柜
		功率（kW）	45			
14	模块式燃气真空热水锅炉	制热量（kW）	1400	台	5	一期投产，$NO_x \leqslant 30mg/m^3$，额定承压不小于 1MPa，自带控制柜
		功率（kW）	5.5			
15	海绵铁除氧器	除氧能力 20（t/h）	—	台	3	一期投产 2 台
16	除氧水箱	$V=30m^3$，尺寸 4000×4000×2000	—	台	1	一期投产
17	软化水箱	$V=30m^3$，尺寸 4000×4000×2000	—	台	1	一期投产
18	软化水泵	流量 30t/h，扬程 18m，功率 3kW	—	台	2	一期投产，效率 70.65%
CCHP 系统						
19	燃气内燃发电机	发电量（kW）	2000	套	2	—
		缸套水热量（kW）	1054			
		烟气热量（kW）	964			
20	吸收式烟气热水机组	制热量（kW）	2018	台	2	—
		制冷量（kW）	2219.8			
21	烟气-水换热器	换热量 400kW，进出口温差 5℃	—	台	2	—
22	冷却塔	流量（t/h）	1200	台	2	—
		功率（kW）	45			
23	冷却循环泵	流量（t/h）	1380	台	2	效率 86.06%，变频
		扬程（m）	30			
		功率（kW）	160			
24	缸套水板式换热器	换热量（kW）	1265	台	2	冬季使用
		一次侧 93℃/80℃，二次侧 80℃/60℃	—			

四、系统图及节能运行控制策略

1. 冬季供暖系统运行策略

根据建设时序，2019 年总供热负荷 13MW，2020 年总供热负荷 16.64MW，2021 年总供热负荷 21.68MW，以后每年以 5MW 供热负荷递增。因此冷热源设备采取分期建设、分期投入运行的方式。

（1）2019 年能源源站建成之初，先上 5 台 1.4MW 模块式冷凝低氮锅炉和 2 台 8.4MW 冷凝低氮锅炉，总供热能力 23.8MW。在低负荷运行时，逐台开启 1.4MW 模块式锅炉，直至开启至 5 台，负荷需求继续增加时，开启 1 台 8.4MW 锅炉，同时关闭 5 台 1.4MW 模块式锅炉，再随着负荷需求的增加逐台开启 1.4MW 模块式锅炉。单台锅炉设备的负荷调节范围为 30%～100%，初期供热负荷调节范围为 0.42～23.8MW。

（2）根据供热负荷需求的增加，分期建设及运行锅炉设备。

（3）热电冷三联供系统的建设和投入运行时期，可配合并网手续办理时期和冰蓄冷系统建设时期进行，由于三联供系统供热量仅为总供热能力的 1/20，因此对供热系统的建设工期不会产生影响，其建设及投入运行时期可灵活掌握。

2. 夏季供冷系统运行策略

供冷系统同样采取分期建设分期投入运行的方式，总供冷面积 43.8 万 m^2。

（1）初期先上 1 台双工况主机，蓄冰工况（－6℃／－2℃）制冷量 6.3MW，空调工况（2.5℃/10.5℃）制冷量 10MW，蓄冰槽容量 55MWh，蓄冰槽最大供冷能力 7.2MW，白天同时开启双工况主机和蓄冰槽，可承担最大供冷负荷 17.2MW，承担供冷面积 17.2 万 m^2；初期低负荷运行时，白天仅开启蓄冰槽释冰供冷模式，双工况主机不运行，承担供冷面积 7.2 万 m^2。

（2）供冷面积超过 17.2 万 m^2 时，上 1 台常规冷水机组，空调工况（4.5℃/12.5℃）制冷量 5MW，承担供冷面积 5 万 m^2，总供冷面积 22.2 万 m^2。

（3）供冷面积超过 22.2 万 m^2 时，再上 a 条设备一套，增加供冷面积 17.2 万 m^2，冰蓄冷系统总供冷面积 39.4 万 m^2。

（4）夜间低谷电价时段蓄冰，使用大电网低谷电价；白天时段供冷，优先使用三联供系统自发电量，不足部分使用大电网平段和高峰电价时段电。

（5）蓄冰槽释冰供冷工况，优先选择空调负荷大的时段和高峰电价时段开启。

（6）热电冷三联供系统在夏季同样可以输出 4.4MW 的制冷量，可承担 4.4 万 m^2 供冷面积，白天运行发电机组的同时运行溴化锂余热机组制冷。

（7）冷源运行优先顺序。

高峰电价时段：释冰供冷＋余热供冷—常规冷水机组—双工况制冷机组

平段电价时段（供冷负荷较大时）：释冰供冷＋余热供冷—常规冷水机组—双工况制冷机组

平段电价时段（供冷负荷较小，且蓄冰量充足时）：释冰供冷＋余热供冷—常规冷水机组

平段电价时段（供冷负荷较小，且蓄冰量不充足时）：常规冷水机组—释冰供冷＋余

热供冷

3. 控制策略

（1）能源站冷热源系统采用群控方式。

（2）根据系统能效最高的原则，群控由供热/供冷系统负荷率法和室外温度补偿器实现，即运行过程中群控系统根据室外温度和总供回水温差判断负荷变化趋势，决定热源/冷源的运行台数，根据统计各台机组的累计运行时间投入或退出。

（3）并联连接的每台冷源/热源机组均配置电动两通阀和机组连锁，机组停止运行时，两通阀连锁关闭，切断水路。

（4）冷却塔进出水管均设置电动两通阀，集水盘设置平衡管。冷却塔风机采用变频调速。冷却水循环泵采用变频控制，根据冷却塔供水温度调节冷却水循环泵转速。

（5）一次侧冷热水输配系统采用分布式变频泵系统，能源站集中设置冷热源侧一级循环泵，各用户换热站设置一次侧二级循环泵。供回水总管之间设置平衡管。一、二级循环泵均采用变频控制，一级循环泵转速由供回水管压差控制，二级循环泵由二次侧的供水温度控制。一级循环泵采用同时升降频的方式。若运行水泵频率同时降至 30Hz 后，供回水管压差仍然超过设定的供回水管压差时，则减少 1 台水泵。若运行水泵频率同时升频至 50Hz 后，供回水管压差仍然低于设定的供回水管压差时，则增加 1 台水泵。

（6）对制冷机组蒸发器最低流量保护控制：在一次网分、集水器之间的平衡管上设置流量旁通控制阀，当只有 1 台制冷机组运行，且冷水流量低于 1 台制冷机组蒸发器最低许可流量值时，启动流量旁通控制阀，使冷水流量≥制冷机组最低许可流量。

（7）夏季供冷时按照事先确定的分时段释冷量调节冷水机组的出力。同时可以根据实际运行数据调节各时段释冷量的设定值，确保冰蓄冷系统的效益最大化。

（8）在联合地源热泵运行的条件下热电联产的能源综合利用率高出燃气锅炉 60% 左右，因此在冬季供热应尽量使用三联供机组，实现热电联产，提高系统的综合能源利用率。夏季冷电联供的能源利用率和冷电分产基本持平（市电需要考虑电网的输配损耗），由于本项目三联供机组的规模做了有效控制，因此基本上能保证三联供机组的供冷供热季满负荷运行。因此三联供机组可以作为冷热源中的基础冷热源，保证年运行时数。

（9）单台冷热源机组均自配控制系统，可以在群控系统处于手动状态下保证单机的运行。能够完成单机卸载、加载、关机、停机。监视机组的运行状态并进行故障报警，统计各台机组的累计运行时间。单台机组的控制系统均应对能源智慧管理平台开放协议，能源智慧管理平台可以从单机读取运行参数，并对单机进行监视和控制。冷热源设备进水口电动阀与其同时启停。

（10）冷却塔补水控制：冷却塔补水采用自来水补水，由位于地下 1 层消防水泵房的自来水给水加压泵提升至屋顶每台冷却塔补水管，补水管端口设置电动浮球阀，与给水加压泵连锁，当冷却塔集水盘内水位到达补水水位下限时，电动浮球阀开启，连锁控制给水加压泵开启；当冷却塔集水盘内水位到达补水水位上限时，电动浮球阀关闭，连锁控制给水加压泵关闭。

（11）乙二醇系统补水控制：乙二醇系统包括冰蓄冷系统和内燃机缸套水散热器、中冷水散热器系统，分别在屋顶设置定压补液水箱，由位于 2 层水处理间的乙二醇系统定压补液加药装置将调配好的 25% 乙二醇水溶液补充至定压补液水箱，补水管端口设置电动浮球阀，与乙二醇系统定压补液加药装置连锁，当定压补液水箱内水位到达补水水位下限时，电动浮球阀开启，连锁控制乙二醇系统定压补液加药装置开启；当定压补液水箱内水位到达补水水位上限时，电动浮球阀关闭，连锁控制乙二醇系统定压补液加药装置关闭。

五、综合效益

（1）在获取等量制冷量的情况下，采用冷水机组年耗电量为 766.6×10^4 kWh，折合 2568t 标准煤；在获取等量供暖量的情况下，采用燃气锅炉年耗气量为 1814.5×10^4 m^3，折合 22036t 标准煤，供暖循环水泵年耗电量 218×10^4 kWh，折合 730.3t 标准煤；常规能源总消耗量为 25334.3t 标准煤。本项目常规能源总消耗量为 23565.9t 标煤（不考虑发电机所发电量节省的电力消耗），相对常规能源系统节能量为 3434.6t 标煤，节能率为 12.7%。

（2）减碳按中华人民共和国生态环境部应对气候变化司公布的 CO_2 排放因子，天津电网电力 CO_2 排放因子取 0.8733kg/kWh，天然气排放因子取 2.114kg/m^3。据此计算出，如采用常规能源系统，年 CO_2 排放总量为 46957t。根据能耗指标本项目年 CO_2 排放总量为 38121t，相对常规能源系统每年可减少 CO_2 排放量为 8836t，减碳率为 18.8%。

（3）该项目是天津市标志性项目，是天津市供热规模最大的分布式复合能源区域能源站，为天津市绿色环保、节能降碳工作起到积极的示范作用。

浙江大学国际联合学院（海宁国际校区）学术大讲堂

- 建设地点： 浙江省海宁市
- 设计时间： 2014 年 5 月—2015 年 3 月
- 竣工时间： 2017 年 9 月
- 设计单位： 浙江大学建筑设计研究院有限公司
- 主要设计人：杨　毅　潘大红　顾　铭　丁　德　易　凯
- 本文执笔人：杨　毅　易　凯　潘大红

作者简介：

杨毅，研究员、博士生导师，浙江省工程勘察设计大师，浙江省优秀科技工作者。现任浙江大学建筑设计研究院有限公司院长、总经理、党委副书记、党委委员、总工程师，兼任中国勘察设计协会建环分会副会长、中国制冷学会理事、中国建筑学会暖通空调分会理事、中国绿色建筑与节能委员会委员、《暖通空调》杂志编审委员会委员等职。

一、工程概况

本项目位于浙江省海宁市，主要功能为学术大讲堂，总建筑面积 11961m²，建筑高度为 23.4m，供学校演出、举办大型会议、学术报告等，功能上类似于小型剧场，共计 782 座。地下 1 层为设备机房，1～3 层为礼堂、舞台、门厅及化妆、更衣、道具等附属用房；4 层为观光廊及展厅（图 1）。

图 1　项目外景

本项目空调面积约 6958m²，设计冷负荷 1153.4kW，设计冷指标 166W/m²；设计热负荷 767.2kW，设计热指标 110 W/m²。空调通风工程投资概算为 1017 万元，单位面积造价为 850 元/m²。

二、暖通空调系统设计要求

1. 设计参数要求

主要室内设计参数（主要依据 GB 50736—2012《民用建筑供暖通风与空气调节设计规范》执行）如表 1 所示。

室内设计参数　　　　　　　　　　　　　　表 1

房间名称	温度（℃）		相对湿度（%）		新风量 [m³/（人·h）]	A 声级噪声 (dB)
	夏季	冬季	夏季	冬季		
门厅、走道	27	18	≤70	—	10	55
办公室	26	20	≤70	—	30	50
观众厅	26	20	≤70	—	12	45
舞台	26	20	≤70	—	30	45
展厅	26	20	≤70	—	19	50

本工程设计参数按 II 级舒适度空调设计，室内温度容许波动±2℃。

2. 功能要求

本项目功能用途多、体量小、空间复杂，空调要求高。

（1）空调负荷在时间分布上非常集中，尖峰负荷大，平时没有演出、会议、学术报告时，几乎没有空调负荷。

（2）全年空调使用次数有限，一般不会出现连续使用情况，往往全年只有开学/毕业典礼、大型会议、演出、大型学术报告活动时使用。

（3）负荷指标高：主要负荷集中于观众厅、舞台，以密集人员、大功率灯光设备、机械设备负荷为主，单位面积负荷大。

（4）负荷振幅较大：使用期间，空调冷、热负荷较大，且随人员数量变化而剧烈变化。

（5）舞台功能相对复杂，既要满足演出需求，又要满足大型会议、报告要求。

3. 设计原则

学术大讲堂因其间歇使用的实际情况及项目区域为湿地的特点，最终确定采用地源热泵系统。

三、暖通空调系统方案

1. 主要设备选型

根据项目特征，选用地埋管地源热泵系统。主机为 2 台额定制冷量为 853.1kW、额定制热量为881.7kW的螺杆式地源热泵机组。总额定制冷量为1706.2kW（按闭式冷却塔工况修正后制冷量为1586.8kW。机组另负担周边其他项目，其设计冷负荷为383kW，设计热负荷为274kW）。地源热泵机组承担的总冷负荷为1518kW，装机余量为104%。制冷供回水温度为7℃/12℃，制热供回水温度为45℃/40℃，本工程冷源要求采用环保冷媒。

空调系统设置全负荷备用闭式冷却塔，冷却塔设置在屋顶。

本项目附属功能用房（光控室、声控室等）空调系统采用变制冷剂流量多联式中央空调（VRF）系统，室外机设置于屋面。本工程VRF系统制冷剂要求采用环保制冷剂，共计14HP，配比率为1.03。其他需24h空调的区域，如各值班室、消控中心、变配电房、电梯机房等，设置分体空调。

2. 地埋管换热器计算

地源热泵地埋管设置在本项目北侧室外绿化场地下。根据地勘资料，有效井深按100m较为合理；夏季井深排热量取45W/m；冬季井深吸热量取40W/m。经综合计算，系统制冷最大散热量为1912.7kW，制热最大吸热量为740kW，因此制冷总管长需求为42504.4m，制热总管长需求为18500m。埋管按制冷取值$L=42504.4m$。

埋管布置方式为矩阵布置，钻孔半径110mm，钻孔间距4m×4m，根据有效总深度$L=42504.4m$，单井有效井深100m，总井数为425口，考虑余量系数1.2，取512口井。

3. 风系统设计

门厅、展厅、舞台、观众厅等大空间采用全空气低速风变频送风系统，集中设置空调机房，集中回风，风机根据回风温度变频运行。除观众厅外，其他大空间均为一次回风系统。本工程全空气系统可实现全新风工况运行。

观众厅采用二次回风系统，池座采用座椅送风，送风经处理后，送入池座底部土建静压箱，静压箱根据座椅数量及位置分为3段，送风量按座椅数量均匀分配，送风由静压箱进入座椅送风口，送至观众厅室内；楼座采用条形风口顶送；观众厅回风分前、中、后3段，前段回风口为地面风口，靠近升降池附近；中段、后段共4个风口，对称设在观众厅侧墙、下部位置。回风量分配同池座座椅分布比例基本一致。

舞台送风口采用上送、侧送相结合的送风方式，设置两层送风口，由电动阀切换实现侧送、下送转换；风口均布置在侧台，不影响视线；上层风口采用球形喷口侧送，朝向主舞台；下层风口采用旋流风口直接向侧台送风。回风口均设在侧台侧墙角落。旋流风口送风时，主台不会出现较高风速，对舞台演出服装、幕布不会产生干扰，既可满足舞台演出需要，又能达到空调效果；球形喷口侧送风适用于召开大型会议、学术报告工况，此时，舞台气流影响不是主要因素，需要有限保证舞台人员空调舒适性要求。空调通风及排烟系统见图2。

4. 水系统设计

空调水系统为二管制（冷热兼用，按季节切换），空调水系统工作压力为0.6MPa；地源侧水系统工作压力1.6MPa。空调水系统原则采用同程式机械循环，局部异程处设置压差平衡阀。水系统采用一级泵系统，水泵定频，供回水总管间设置电动压差旁通阀。

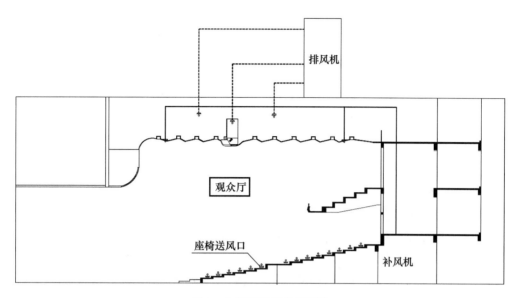

图 2　空调通风及排烟系统

用户侧冷水供回水温度 7℃/12℃，热水供回水温度 45℃/40℃。空调水系统设定压补水罐，设置在地源热泵机房内。采用物化全程水处理装置处理空调水系统，自动加药水处理装置设置在地源热泵机房内。

四、通风防排烟系统

1. 通风设计

主要通风系统设计如表 2 所示。

通风系统设计参数　　　　　　　　　　　　　　　　　　　　表 2

名称	排风		送风		备注
	换气次数（h⁻¹）	方式	换气次数	方式	
汽车库	6	机械排风	排风量的80%~90%	机械送风	或自然补风
自行车库	4	机械排风	排风量80%	机械送风	或自然补风
库房	3	机械排风	排风量80%	机械送风	—
电梯机房	10	机械排风	—	自然补风	过渡季节使用
变配电室	10	机械排风	排风量80%	机械送风	过渡季节使用
清水泵房	4	机械排风	排风量80%	机械送风	—
污水泵房	12	机械排风	排风量80%	机械送风	—
卫生间	10	机械排风	—	自然补风	—
制冷机房	12	机械排风	排风量80%	机械补风	兼事故通风
气体灭火房间	≥5	机械排风	—	机械补风	下排风

2. 防排烟设计

入口大厅设置机械排烟系统，体积为 21800m³，排烟量按换气次数 4h⁻¹ 进行计算。内走道设置机械排烟系统，排烟风机排烟量按 $60m^3/(m^2 \cdot h)$ 计算。观众厅设置机械排烟系统，排烟风机排烟量按 $13h^{-1}$ 换气次数计算（大于按 $90m^3/(m^2 \cdot h)$ 计算值）。舞台设置机械排烟系统，排烟风机排烟量按 $6h^{-1}$ 换气次数计算。1 层汽车库设置机械排烟系统，排烟量按换气次数 $6h^{-1}$ 进行计算，自然补风。1 层自行车库面积 $455m^2$，排烟量按换气次数 $6h^{-1}$ 计算，自然补风。

五、控制（节能运行）系统

1. 空调系统控制

（1）地源热泵系统供冷/供热工况由水路进行切换。

（2）地源热泵系统供冷时考虑全负荷备用，地埋管主管与闭式冷却塔管路并联，并设置电动阀供切换。当地埋管供冷能力不足时，切换到闭式冷却塔运行。

（3）全空气系统风机根据回风温度变频运行，并采用新回风焓值比较方式，供冷时当室外新风焓值小于室内焓值时全新风工况运行。

（4）空调箱及新风机组水管路上设置电动调节阀。空调箱根据出风温度调节阀门开度；新风机组根据出风温度调节阀门开度。当变频空调箱风机频率达到变频下限时，由回风温度调节水管电动调节阀开度。

（5）风机盘管采用三挡风量调节。风机盘管水管路上设置温控两通阀，根据回风温度调节冷热水阀启闭。风机盘管控制系统采用就地控制。

（6）地下停车库通风系统，机组定时启停控制或根据地下室 CO 等参数的变化自动调节系统风量大小及启停，减少风机能耗。

2. 冷热源机房群控系统

（1）实现系统顺序启动及关机，记录各设备运行时间及启停次数。系统启停程序：冷水、冷却水及冷却塔（或地埋管）进水管的电动阀打开，同时冷水泵、冷却水泵启动，冷却塔根据冷却水出水温度启动。经水流开关确认水流动后启动冷水主机。停机时，首先停止冷水机组，再停止水泵、冷却塔风机并关阀。

（2）空调水系统进行台数控制，根据末端负荷需求，运行相应数量主机，达到最大的节能效率。

（3）在手动及自动两种情况下，系统启动及停止具备完善的连锁保护。

（4）对制冷机房的耗电量、补水量以及集中空调系统冷源的供冷量设置计量装置，循环水泵耗电量单独计量。

六、工程主要创新及特点

1. 地源热泵系统的应用

通过对项目负荷特征、使用频率等特性分析，选用地埋管地源热泵系统承担空调冷热负荷。该系统能够较好适应项目需求，解决了空调负荷时间分布集中的问题。该系统能够适应短时大负荷工况，且项目使用频度可以确保地埋管全年冷热平衡。

2. 全空调空调送风系统优化

空调风系统按空间特征需求设置，门厅、展厅、舞台、观众厅等大空间采用全空气低速风变频送风系统，集中设置空调机房，集中回风，风机根据回风温度变频运行。观众厅采用二次回风系统，其他大空间均为一次回风系统。

3. 座椅送风系统的应用

观众厅采用二次回风系统，池座采用座椅送风，静压箱根据座椅数量及位置分为 3 段，送风量按座椅数量均匀分配；楼座采用条形风口顶送；观众厅回风分前、中、后 3 段，回风量分配同池座座椅分布比例基本一致。保证观众厅气流组织合理、冷热空调效果良好，且无明显吹风感，舒适度高。

4. 气流组织形式优化

舞台送风口采用上送、侧送相结合的送风方式，设置两层送风口，由电动阀切换实现侧送、下送转换；风口均布置在侧台，不影响视线；上层风口采用球形喷口侧送，朝向主舞台；下层风口采用旋流风口直接向侧台送风。回风口均设在侧台侧墙角落。旋流风口送风时，主台不会出现较高风速，对舞台演出服装、幕布不会产生干扰，既可满足舞台演出需要，又能达到空调效果；球形喷口侧送风适用于召开大型会议、学术报告工况。通过不同送风形式切换，使同一套空调系统能够适应不同工况，满足多样需求。

5. 综合效益优良

地埋管地源热泵系统能够较好地承担本项目空调冷热负荷。该系统运行效率高、经济、节能、环保，根据实测制冷性能系数 COP 为 4.06；地源热泵系统可以避免普通冷却塔飘水损失，同时可以避免设置锅炉等热源形式，减少碳排放。地源热泵主机采用环保制冷剂，降低对臭氧层的破坏。本项目获得 LEED 白金奖认证。

华南理工大学广州国际校区一期工程

- 建设地点： 广东省广州市
- 设计时间： 2018 年 7 月—11 月
- 竣工时间： 2019 年 12 月
- 设计单位： 华南理工大学建筑设计研究院有限公司
- 主要设计人：陈祖铭 黄志祥 胡 谦
  刘飞雄 林伟强 吴若勋
- 本文执笔人：陈祖铭

作者简介：

陈祖铭，副总工程师，教授级高级工程师，注册公用设备工程师、注册咨询（投资）工程师、中国建筑学会当代中国杰出工程师、湖南大学兼职教授。主要社会兼职有中国制冷学会空调热泵专业委员会副主任委员，中国勘察设计协会建筑环境与能源应用分会理事，广东省制冷学会副理事长，广东省土木建筑学会暖通空调专业委员会副主任委员。《暖通空调》《建筑技术开发》《制冷》杂志编委。

一、工程概况

华南理工大学广州国际校区一期工程（大数据与网络空间安全学院、材料基因工程创新中心）位于国际校区校园南侧，兴业大道北侧。项目用地面积 33015m²，总建筑面积 99695m²。建筑功能主要为实验室、办公室和会议室，并包括学院展厅、报告厅及教工食堂等配套设施。项目效果图如图 1 所示。

本项目建筑设计与校园的整体风貌协调统一，一方面提取和延续华南理工大学老校区的环境基因，另一方面再现与注入新的空间意向元素，立面造型现代简洁又不失变化与趣味。总平面呼应校园整体规划，建筑围合出的广场面向中部景观带打开，形成具有凝聚力的室外活动空间；2 层设连续的平台将地块内不同的学院及相邻地块建筑联系起来，回应岭南地区独特的气候条件。材料基因工程产业创新中心位于地块场地内东侧，包括一栋 14 层的塔楼（以下简称 A 塔楼）及 5 层的裙楼；大数据与网络空间安全学院位于地块场地内西侧，包括一栋 9 层的塔楼（以下简称 B 塔楼）及 5 层的裙楼。地块配建的地下室与东侧的地块经地下通道相连。

本项目是"十三五"课题子课题《适应夏热冬暖气候的绿色公共建筑设计模式与示范》的示范项目，广东省装配式建筑示范项目，同时也是设计、施工、运维全过程 BIM 应用的示范项目，具有多方面的示范意义。

本工程空调工程投资约 2466.2 万元。单方造价约 590 元/m²。

图1 项目效果图

二、暖通空调系统设计要求

1. 设计参数
（1）广州地区室外气象参数（见表1）

室外设计参数 表1

	夏季	冬季
大气压力（hPa）	1004.0	1019.0
室外干球温度（℃）	34.2	5.2
室外湿球温度（℃）	27.8	72%（相对湿度）
通风温度（℃）	31.8	13.6
室外平均风速（m/s）	1.7	1.7

（2）空调室内设计参数（见表2）

空调室内设计参数 表2

	夏季		冬季		备注
	温度（℃）	相对湿度（%）	温度（℃）	相对湿度（%）	
大堂	26	≤60	18	—	不设湿度控制
办公室、教室	26	≤60	18	—	不设湿度控制
实验室	26～28	≤60	18	—	不设湿度控制
服务器机房	26	60	18	30	恒温恒湿
咖啡厅	26～28	≤60	18	—	不设湿度控制

注：服务器机房为T1级，不设备用冷源。

（3）通风换气次数（见表3）

通风换气次数 表3

	换气次数（h^{-1}）	备注
汽车库	4～6	—
制冷机房	8	设制冷剂泄漏的事故排风
水泵房	5	—
变压器房	25～30（按发热量核算）	电房设灭火后的事后排风
配电间	8～10	电房设灭火后的事后排风
发电机房	4	—
公共卫生间	12～15	—

2. 功能要求

本项目为教育类公共建筑，根据建设方设计任务书及广州市公共建筑空调运行特点，除工艺有特殊要求的空调系统外，空调系统设计为夏季制冷、冬季供暖的舒适性空调。其中首层的服务器机房需全天供冷，设置 24h 冷水管供冷。

3. 设计原则

本工程暖通空调系统以营造舒适、健康的室内环境为前提，在设计中，采用多项先进实用且低成本的技术，提供了健康、舒适的活动场所，实现了绿色节能的设计理念。

三、暖通空调系统设计

1. 空调冷热源

本工程与 A 地块（吴贤铭智能工程学院、广州智能工程研究院）及 B 地块（生物医学科学与工程学院、生物医药与再生医学粤港澳联合研究院）作为一个项目组团共同使用一套空调冷热源系统，空调冷源集中在 B 地块地下 1 层制冷机房中，其空调冷热负荷计算如表4所示。

冷热负荷计算 表4

	空调面积（m^2）	冷负荷（kW）	热负荷（kW）
A 地块（吴贤铭智能工程学院、广州智能工程研究院）	22000	4300	580
B 地块（生物医学科学与工程学院、生物医药与再生医学粤港澳联合研究院）	31000	4900	670
C 地块（大数据与网络空间安全学院、材料基因工程创新中心）	40000	8700	1050
合计	93000	17900	2300

根据冷热负荷计算书，本工程冷热源由 5 台水冷变频离心式冷水机组、1 台变频螺杆式冷水机组以及 3 台涡旋式空气源热泵机组提供，其他冷源由设置在 B 地块制冷机房内的 5 台 2810kW（800rt）水冷变频离心式冷水机组和 1 台 1230kW（350rt）变频螺杆式冷水机组以及设置在 B 地块的 3 台制冷量为 660kW 的涡旋式空气源热泵提供（夏季冷源优先

采用冷水机组，不足由空气源热泵补充）。热源由空气源热泵机组（夏季供冷、冬季供热）提供（每台制热量为 750kW）。其余通信机房、值班室、控制室等设置变频分体式空调器。主要设备表如表 5 所示。

主要设备　　　　　　　　　　　　　　　　　　　表 5

		冷水机组形式	单台设计供冷量（kW）	台 数
冷源	冷水机组	水冷变频离心式冷水机组	2810	5
		水冷变频螺杆式冷水机组	1230	1
热源	制（供）热设备	设备形式	单台设计供冷量（kW）	台 数
		涡旋式空气源热泵机组（冬夏季两用）	660（供热量 750）	3

2. 空调水系统设计

本工程空调水系统为二管制一级泵变流量系统，制冷机位于水泵压出端，根据设定的冷水供回水总管之间的压差，控制冷水泵的电动机频率。冷却水为定流量系统，对应设置配有变频风机的冷却塔。冷水泵、冷却水泵与制冷机组均为一对一布置。

水冷冷水机组空调制冷供/回水温度为 6℃/13℃，空气源热泵机组空调制冷供/回水温度为 7℃/12℃，冷却水供回水温度为 32℃/37℃，空气源热泵制热供/回水温度为 45℃/40℃。

空调冷水采用同程设计，冷水管由 B 地块制冷机房提供，共两对冷水管，其中一对 DN125 冷水管为 24h 冷水管，供至服务器机房；一对 DN400 冷水管供至其余实验室及办公室等，共分为 5 个环路，分别为材料基因工程创新中心环路、A 塔楼环路、大数据学院南环路、大数据学院北环路及 B 塔楼环路。水系统的最高点极有可能积聚空气的部位设置自动排气阀，系统的最低点极有可能积水的部位设置排污泄水装置。

3. 空调末端设计

（1）大楼多功能厅、咖啡厅、餐厅等大空间采用落地柜式机组全空气系统，低速单风道送风，集中回风至空气处理机房，新风和回风混合后经盘管降温去湿，送入室内。过渡季节利用室外干燥低温的新风，使用全新风运行策略；气流组织为上送上回（或上送侧回）；柜式空调机组的新风由各层空调机房外墙吸入，同时通过测量室内二氧化碳体积分数来控制新风量的供应，以达到更佳的节能效果。

（2）服务器机房设置恒温恒湿空调，采用全空气系统，低速单风道送风，集中回风至空气处理机房。气流组织为上送上回的方式。

（3）贵重仪器实验室采用直流无刷型吊式新风机组＋吊式小型空气处理机组的形式，吊柜 A 声级噪声控制在 46～48dB。气流组织采用上送上回的方式。

（4）小库房、办公室及实验室采用直流无刷型风机盘管＋新风系统，新风机设置在本楼层新风机房内，通过新风百叶从室外吸取新风，经新风处理机降温去湿处理后直接送入室内。气流组织为上送上回的方式。

四、实验室通风系统

根据使用要求，本工程在材料基因工程产业创新中心裙楼 3～5 层及 A 塔楼 4～14 层设置化学实验室，其中裙楼 3～5 层为无机类化学实验室，A 塔楼 4～11 层为无机类化学实验室，12～14 层为有机类化学实验室。

1. 实验室通风系统设计主要参数及风量计算

（1）通风柜排风量计算：根据校方提供数据，实验室通风柜数量按 $35m^2$/台预留设置，其中每台通风柜通风量为 $1500m^3/h$。

（2）换气次数计算：根据 HG/T 20711—2019《化工实验室化验室供暖通风与空气调节设计规范》中 5.2.1 条：处于工作状态的有污染物产生的实验室、化验室，最小换气次数不应低于 $6h^{-1}$，处于非工作状态的实验室、化验室，最小换气次数不宜低于 $4h^{-1}$。由此，化学实验室的换气次数可按以下确定：正常工作模式 $\geqslant 8h^{-1}$；节能工作模式 $4～6h^{-1}$。

（3）实验室排风量计算：根据前 2 小节内容可计算出实验室各局部排风设备的排风量，以塔楼 6 层某测试实验室为例，平面图见图 2。

实验室面积约为 $140m^2$，层高为 3.6 m，实验室采用无吊顶设计。根据校方按照实验室每 $35m^2$ 预留设置 1 台 $1500m^3/h$ 风量的通风柜的原则，则该实验室通风柜总排烟量为 $6000m^3/h$；实验室换气次数按正常工作模式 $8 h^{-1}$ 计算，则其全面排风量为 $4032m^3/h$，则实验室局部排风的排风量满足 $8h^{-1}$ 的换气次数要求，因此实验室不再设置全面排风。

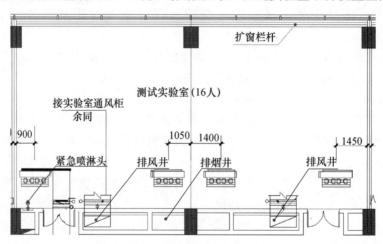

图 2　塔楼 6 层测试实验室

2. 实验室通风系统设计

带通风柜的实验室，设置竖向系统排风接室内通风柜，其中无机化学实验室和有机化学实验室分别划分一个排风系统，变频排风机放置于屋面，根据实验室类型，分别设置活性炭吸附装置或喷淋塔净化装置。

五、控制（节能运行）系统

1. 大楼空调系统

本工程集中空调采用楼宇自动控制系统（BAS）进行系统的监测与控制，集中空调制冷站节能控制系统依据末端空调负荷变化，采用智能负荷预测算法，实现最优 COP 控制策略，达成空调冷源站整体节能运行，可实现年节能 20%。

2. 集中空调水系统节能控制

本工程空调水系统采用一级泵末端变流量系统，选择可变流量的冷水机组使蒸发器侧流量随负荷侧流量的变化而改变，从而最大限度地降低水泵的流量，冷水泵选择变频水泵。在机组供、回水管之间设置压差旁通装置，根据空调负荷变化系统自动调整供水旁通水量和冷热水机组运行台数；当负荷侧冷水量小于单台冷水机组的最小流量时，旁通阀打开，使冷水机组的最小流量为负荷侧冷水量与旁通管流量之和。

末端上，在组合式空调机组、柜式空调机组冷水回水管上设动态平衡调节阀，在风机盘管冷水回水管上设动态平衡电动两通阀，空调机组通过回风温度控制动态平衡电动调节阀开度以调节冷水流量，风机盘管设室温控制器（带三速开关），通过室温控制回水管上动态平衡电动两通阀开度调节水量，可根据空调负荷变化自动调整空调末端水量，控制室内区域温度。

3. 末端节能控制

空调箱、空调新风机、风机盘管风量控制，根据需求采用变频或变速自动调整风量风压，排风机与送风机连锁，风机与防火阀、电动风阀连锁，风机运行状态显示及故障报警，根据 CO 体积分数对空调新风机及空调箱进行控制，根据 CO 体积分数对车库送排风机进行控制。

六、工程主要创新及特点

1. 小区域供冷技术

本项目与 A 地块（吴贤铭智能工程学院、广州智能工程研究院）及 B 地块（生物医学科学与工程学院、生物医药与再生医学粤港澳联合研究院）作为一个项目组团共同使用一套空调冷热源系统，空调冷热源集中在 B 地块地下 1 层制冷机房中，可通过调配机组不同运行组合来满足不同的负荷要求。同时空调冷水采用大温差（6℃/13℃）一级泵变流量系统，减少水泵输送能耗。

项目通过这种小区域供冷技术，减少了区域内总的空调装机容量以及区域内各单体建筑空调系统的设备用房、与其配套的变配电系统和设备用房，降低制冷机总装机容量约3400kW；制冷设备的集中布置，亦减少了区域内单体建筑的空调运维人员和运维成本。

2. 合理设置空调水系统

本项目空调冷水系统水平、垂直均为同程式设计，根据不同建筑空间的负荷特性，从 B 地块引入两对冷水管，其中一对 DN125 冷水管为 24h 冷水管，供至首层服务器机房以及满足实验室 24h 不间断供冷的需求；一对 DN400 冷水管供至其余实验室及办公室等，共划分为五条环路，分别为材料基因工程创新中心环路、A 塔楼环路、大数据学院南环路、大数据学院北环路及 B 塔楼环路；同时空调水系统采用大温差（6℃/13℃）一级泵变流量系统，减少水泵输送能耗。

3. 变频调速技术

考虑到本工程在不同时段的人流情况、空调负荷动态的特性，空调循环水泵及空气处理机采用变频调速技术，根据负荷的变化情况调整水泵的频率变化、电动机的转速变化，使空气处理机输出容量也随之变化，使空调系统在部分负荷运行时降低水、风系统输送能耗，达到节能效果。同时，在部分负荷时，由于电动机转速的降低，可以降低水泵及空调机组运转时的噪声，使室内达到更安静的环境。

4. 实验室全面通风技术

本工程4～14层实验室为化学实验室，为防止有害气体的散溢，保证实验人员的身心健康，空调设计全送全排直流空调系统，并且严格控制好送排风的比例：在排风系统中装设电动比例调节阀，且采用静压传感自动变频控制，传感器控制根据开启通风设备的数量变化，将其感应到的静压转变成0～10V的电信号输入变频器从而自动调节风机频率，使风机的风量与实际所需排风量相匹配，从而确保排风效果，达到节能降噪的效果，实现通风柜工作状态和空闲状态下风量值间的切换；同时在补风管道中亦装设电动比例调节阀，补风机根据排风量控制实验室的补风量，以达到风量平衡，保持室内$-10～-5Pa$的负压环境，保证各实验区域的压力梯度。

在通风管道系统的设计中，本项目根据实验室的不同性质及大楼的结构特点，将污染物性质相同或相似的实验室化为一个系统，在每个实验室就近开设排风井，并在垂直面上集中布置管道系统，以缩短通风管道长度，减小系统阻力，降低系统噪声。

5. 全新风设计运行策略

考虑到本工程为校园内建筑，项目周边空气新鲜，对采用全空气系统的大空间，如餐厅、科技展示厅等，为了更好利用自然资源，节约电量，可采用全新风系统，在全空气系统的新风入口及其通路均按全新风配置，通过调节新、回风阀门的开度，实现空调季节按最小新风运行；过渡季节时不开空调冷气，将新风阀调到最大的开度，通过全新风消除室内的余热和不洁空气；同时，通过开启外窗进行自然通风。减少空调系统的运行时间，降低运行能耗。

6. 自然通风技术

本项目通过气候适应性设计，有效利用自然通风技术，营造出舒适宜人的建筑环境：通过对建筑体量的消减，形成庭院、架空层、空中平台等空间，为大进深的建筑引入自然风，同时本项目在塔楼的核心筒区域设置了"气候腔"，"气候腔"从首层贯通至屋顶，利用空气从底部到顶部的密度差，使空气从冷端向热端流动，由此形成自然通风，使得夏季主导风在入室内前得到一定的冷却，从而提高室内舒适度，并节能。

该自然通风技术获得"一种气候腔通风结构"实用新型专利。

邕江大学新校区水源热泵系统

- 建设地点： 南宁市
- 设计时间： 2010 年 5 月—10 月
- 竣工时间： 2017 年 3 月
- 设计单位： 南宁市建筑规划设计集团
  有限公司
- 主要设计人：陈 政 刘 霞 刘增宏
  余秋玲 胡宜培
- 本文执笔人：刘 霞 李春垚

作者简介：

刘霞，正高级工程师，注册公用设备工程师，现任南宁市建筑规划设计集团总工程师、绿建分院副院长。主要设计代表作品：邕江大学水源热泵系统项目、斯壮南湖聚宝苑项目、南宁市公安局特警基地和人民警察训练学校二期、南宁市环球金融中心项目等。

一、工程概况

本项目建设地点位于广西南宁市五象新区，为南宁邕江大学新建校区，含公共教学楼、院系教学实验楼、行政楼、学术交流中心、图书馆、实训楼、学生宿舍、学生食堂、教师周转房、教工食堂、会堂、体育馆、后勤服务楼、车队综合楼、培训楼、医务所等建筑单体，总建筑面积为 411377m²，校园全景见图 1。

图 1 邕江大学新校区实景

二、暖通空调系统设计

1. 空调冷热负荷

根据业主使用要求，校区内图书馆及会堂采用集中空调系统，其主要功能为教室、办公室、报告厅、剧场，图书馆。地上共 8 层，会堂地上共 2 层，建筑总面积为 33061m²，空调面积为 26577m²，其余楼栋采用分体空调。

通过空调逐时逐项冷负荷计算得出图书馆最大冷负荷为 2481.6kW，热负荷为 620kW；会堂最大冷负荷为 602kW，热负荷为 180kW；系统最大总冷负荷为 3083.6kW，总热负荷为 800kW。单位空调面积冷负荷指标为 116W/m²，单位空调面积热负荷指标为 30W/m²。学生宿舍（1#～10#楼）设集中热水系统，提供 15000 名学生的热水用水，设计最大小时用水量为 281m³/h，设计水温为 50℃，按每个学生每次淋浴的用水量为 40L 设计，学生宿舍冬季每天热水用量约为 600t。考虑主机制热水时间为 16h，生活热水设计热水负荷为 1919kW。

2. 空调冷热源

校园距离附近河流八尺江约 900m，八尺江属于邕江支流，水位稳定，水量充足，水质较好，江水温度常年在 15～29℃ 范围内，图 2 是八尺江江水平均温度及气候温度折线图。

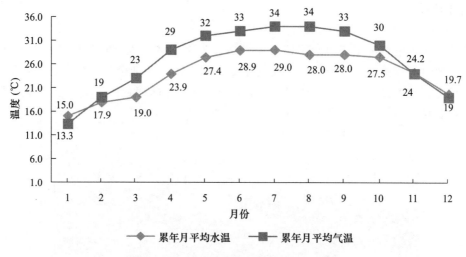

图 2　八尺江平均水温与气候温度折线图

根据本项目特点，项目冷热源考虑由八尺江引水设置江水源热泵系统，可以满足项目空调制冷、供暖和制取生活热水的需求。

本项目采用 2 台全热回收双冷凝器满液式河水源热泵机组，单台制冷量为 1441.4kW，制热量为 1508.2kW，系统总制冷量为 2882.8kW，总制热量为 3016.4kW，热回收量 1508kW。夏季水源设计温度为 28℃，空调供冷供/回水温度为 7℃/12℃，水源热泵机组通过热回收提供出水温度 50℃ 的生活热水；冬季水源设计温度为 15℃，空调供暖供/回水温度为 45℃/40℃，水源热泵机组供生活热水温度 50℃；过渡季节不考虑空调，但有生活热水需求，机组提供的生活热水温度为50℃。夏季制冷时段全天的生活热水基本可由系统热回收获得。系统主要设备明细见表1，水源热泵系统的水系统流程见图3。

机房设备明细   表1

编号	设备名称	型号及规格	单位	数量	备注
1	水源全热回收热泵机组	制冷量1441.4kW，输入功率201.1kW，制热量1508.2kW，输入功率283.1kW	台	2	—
2	冷水泵	BKT200-150-320，$Q=290m^3/h$，$H-0.34MPa$，$N=45kW$（带变频控制）	台	3	备用1台
3	热水一次循环泵	BKT200-150-250，$L=400m^3/h$，$H=20m$，$N=37kW$	台	2	—
4	热水二次循环泵	BYG150-250B，$L=190m^3/h$，$H=55m$，$N=45kW$（带变频控制）	台	4	备用1台
5	双层不锈钢保温热水水箱	$6m×10m×2.5m=150m^3$	个	2	—
6	集、分水器	D426×11，$L=1800mm$	个	4	
7	集、分水器	D426×11，$L=1800mm$	个	4	
8	水处理装置	—	套	1	

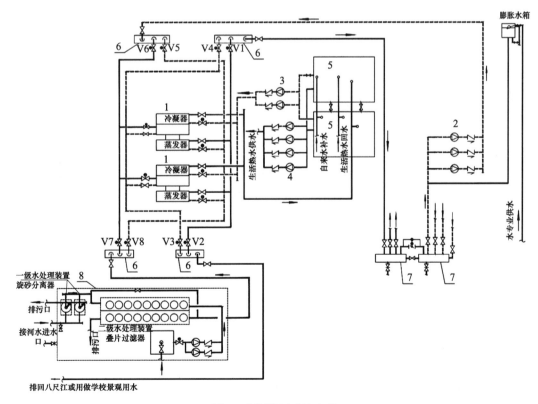

图3　水源热泵系统流程

3. 水系统

（1）取水系统

经查阅水文资料及现场勘察后，江水水体和机房高差约 15m，因此取水方案采用干式水泵房取水方式，取水断面图见图 4。在河堤旁设置取水口，而不在江中设置取水构筑物，其优势是不受航道、航运等管理部门的限制，取水方便。

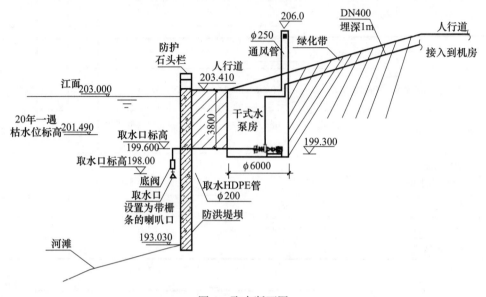

图 4　取水断面图

八尺江水质较好，水源侧采用开式系统，对水质处理要求较高。水源取水段设二级水处理装置，分别为旋砂分离器＋叠片过滤器，通过二级水处理后，可以把水中超过 $100\mu m$ 所有杂质（包括硬性杂质、软性杂质、纤维杂质）全部去除，在合理的压力和比重≥2.6 的情况下，$40\mu m$ 以上的杂质去除率超过 30％，$74\mu m$ 以上的杂质去除率超过 68％，同时有效地降低水中颗粒性 BOD、COD 及有机活体（细菌、藻类、寄生虫）的含量。另外还采用物理及化学方法，进行定期的杀菌、灭藻处理。经过上述水处理之后，可以确保水质达到主机使用要求，提高机组使用效率及延长其使用寿命。取水侧水处理原理见图 5。

（2）空调冷水系统

空调冷水系统设置一级泵变流量系统，对应 2 台全热回收双冷凝器满液式河水源热泵机组设置两用一备 3 台冷水泵。结合建筑本身特点，空调末端水系统采用同程和异程相结合方式，在保证经济性的同时，尽量减小管网阻力不平衡。

（3）生活热水系统

学生宿舍冬季每天热水用量约为 600t，根据生活热水量、空调热负荷及系统的经济合理性，为保证生活热水的稳定性，杜绝忽冷忽热现象，设计 2 个 $150m^3$ 双层保温的不锈钢水箱，生活热水端设二级水泵，其中热水一次循环泵 2 台，热水二次泵 4 台，为生活热水提供动力。夏季全天的生活热水由制冷时段通过热回收制取。

4. 系统控制管理

本项目水源热泵机房设置了机房群控系统，以确保系统安全高效节能运行。

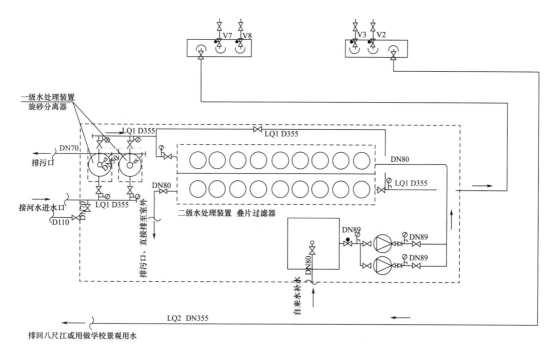

图 5　水处理原理图

（1）监测与控制

机房群控系统可以监测和控制热泵主机、水泵、电动阀门等的启停、运行中的参数检测、设备状态、故障与报警、工况自动转换、设备连锁与自动保护、能量计量以及中央监控与管理等。

根据负荷需求合理配置机组运行台数，结合机组的无级调速功能，实现冷热负荷合理供给。同时系统可根据主机的需求量自动控制冬夏季潜水泵的启停台数，以达节能目的。

① 冷热水系统变流量及水泵变频控制

采用一级泵变流量系统。通过最不利管路末端压差控制的方式，控制水泵的变频运行，实现末端和主机均能根据需要变流量，达到减少冷热水输送能耗的目的。水泵变频的最低转速确保系统流量大于热泵机组最小允许流量。

② 江水取水泵变频控制

在设定进出水温差的情况下，以水泵运行电流信号作为变频依据，确保在任何情况下电动机不超载，以达到节能目的。取水泵变频的最低转速使系统流量大于热泵机组最小允许流量。

（2）系统运行切换

主机为2台全热回收双冷凝器满液式河水源热泵机组，实现制冷的同时主机根据设定值制取生活热水，供暖的同时根据设定值优先生活热水的自动转换运行。系统根据主机运行模式自动开启分、集水器电动阀，实现系统工况的转换。

夏季制冷工况：开启阀1、阀3、阀5、阀7，关闭阀2、阀4、阀6、阀8。冷凝器1接江水，冷凝器2接生活热水水箱。实现制冷的同时主机根据设定值制取生活热水。冬季空调制热或制取生活热水工况：开启阀2、阀4、阀6、阀8，关闭阀1、阀3、阀5、阀7。

冷凝器 1 接分水器，冷凝器 2 接生活热水水箱。采用热水优先模式，水箱温度满足后切换到供暖工况。系统不同工况阀门开启情况见图 6。

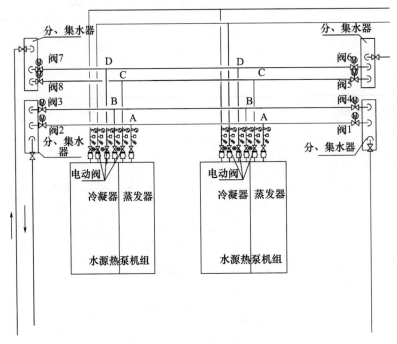

图 6 系统不同工况阀门开启情况

自控系统预留了第三方管理系统接口，可实现远程控制和信息共享，方便用户实现物业管理自动化。并具有数据存储、传输、导出 Word、Excel 等格式的报表文件等功能。

三、工程主要创新及特点

（1）项目采用江水水源热泵系统为校区提供空调冷热源及生活热水，充分利用了可再生能源。系统制冷时主机性能系数高达 7.17，冬季制备生活热水时主机性能系数达 5.33。该系统夏季为学校会堂和图书馆提供空调冷源，同时回收冷凝热水供学生宿舍楼使用；系统过渡季节为学生宿舍楼提供生活热水，冬季为图书馆提供空调热源及为学生宿舍楼提供生活热水。

（2）水源热泵机房距离八尺江取水口为 890m，江水提升高度约 13m，取水侧输送距离较经济。水泵的输送能效比均不大于 0.0241，满足节能设计标准要求。

（3）冷水系统为两管制闭式机械循环系统，热泵机房设置两用一备 3 台冷水泵为系统提供动力，空调冷水系统的最大输送能效比 $ECHR$ 值为 0.0199，远低于当时规范值 0.0241 的要求。

（4）本项目系统相关阀门采用电动阀，设置控制方案，做到一键转换，共有四种运行工况：全热回收空调制冷、空调制冷、空调制热、生活热水制备，优先采用全热回收空调制冷模式，节能效果明显。

（5）制冷主机、水泵均采用变频控制，单台水泵变频范围为 60%～100%，单台主机变频范围为 30％～100％，整个系统实际变频范围为 10％～100％。机组调试时系统实际变频范围为 30％～100％，群控系统能根据负荷调整设备运行状态，保证系统高效、节能运行。

（6）本项目江水源侧采用开式系统，设置了二级水处理措施，一级水处理为旋砂分离器，二级水处理为叠片过滤器，另外采用物理及化学方法，进行定期的杀菌、灭藻处理。水处理效果优异，水质良好，经过 10 年的实际运行，设备仍保持在高效状态。

四、使用情况及成效

由于校园分期分批建设，项目从 2013 年陆续开始投入使用，并于 2017 年完全竣工，至今使用良好。表 2 为 2013—2019 年水源热泵系统用电统计。

2013—2019 年水源热泵系统用电量统计（kW·h）　　　　　　　　　表 2

	2013 年	2014 年	2015 年	2016 年	2017 年	2018 年	2019 年
1 月	95327	52791	40258.8	114647.1	203280.8	80690	158822
2 月	86035	60551	0	11301.3	35792	0	68938
3 月	0	105354	78843.7	155715.8	114120	70340	163320
4 月	68809	65617	76228.1	68151.8	83150	132180	148460
5 月	52824	91284	106030	140878.4	104360	210710	219600
6 月	40461	100444	162130.1	170242	184410	219840	198240
7 月	26647	27072	74129.7	0	48050	188630	183491
8 月	0	0	0	0	71510	0	128499
9 月	84750	61898	92210.2	166649	107390	274100	181370
10 月	82362	71755	98666.6	109140	187390	0	172710
11 月	100768	105790	110301.4	154385	346900	178300	216930
12 月	98531	125517	129137.7	160000	310040	119400	192290
合计	736514	868073	967936.3	1251110.4	1796392.8	1474190	1904171

随着校园分批建设建成投入使用，学生人数逐步增加，校园水源热泵系统的能耗基本呈逐年增加的趋势，并于 2017 年趋于稳定，2018 年因 10 月份的数据缺失，造成了总的用电量较前后两年都低。

以 2019 年水源热泵系统的数据为例，该年度用电量为 1904171kWh，空调系统建筑面积为 33061m²，单位建筑面积的水源热泵系统能耗指标为 57.6kWh/(m²·a)。远低于本地区的同类建筑能耗，达到了领先水平，节能效果明显。

目前邕江大学水源热泵系统已运行将近 10 年，系统一直运行稳定，节能效果显著。经相关专业测评部门测算，比普通热水空调系统节能 40％以上，为广西节能减排重点示范项目之一。2013 年经校方申报，广西壮族自治区建设主管部门组织专家进行评审及现场勘验，项目获得了自治区节能减排专项补助资金。

复旦大学附属华山医院临床医学中心项目空调系统设计

- 建设地点： 上海市
- 设计时间： 2011 年 9 月
- 竣工时间： 2018 年 6 月
- 设计单位： 上海建筑设计研究院有限公司
- 主要设计人：朱 喆 朱学锦 李晓菲
　　　　　　　沈彬彬 贺江波 杨振晓
- 本文执笔人：李晓菲

作者简介：

朱喆，正高级工程师，2000 年硕士毕业于同济大学暖通空调专业，现就职于上海建筑设计研究院有限公司。代表作品：上海东方肝胆医院、复旦大学附属华山医院临床医学中心项目、上海星港国际中心、上海超强超短激光实验装置、厦门建发国际大厦、华为深圳坂田基地软件研发中心。

一、工程概况

　　复旦大学附属华山医院临床医学中心项目，规划床位 800 张，位于上海市闵行区华漕镇纪谭路以东、北青公路以北、季乐路以南地块。本工程包括门急诊医技及病房楼、后勤楼、垃圾房、危险品库、地埋式污水处理及门卫。地上建筑面积约 97170m²，地下建筑面积约 31750m²；总建筑面积 128920m²。门急诊医技及病房楼为一类高层建筑，消防高度 48.3m，建筑总高度 53.2m，设置 1 层地下室（局部设有夹层）。图 1 为本项目鸟瞰图。

图 1　项目鸟瞰图

该项目于 2011 年立项，2014 年开工，2018 年 6 月通过竣工验收。夏季空调计算冷负荷共 12230kW（3478rt），单位建筑面积冷负荷为 95W/m²，计算热负荷共 8947kW，单位建筑面积热负荷为 70W/m²。空调工程投资概算为 10.3 亿元。

二、暖通空调系统设计

1. 室内外设计参数（见表 1、2）

上海室外设计参数　　　　　　　　　　　　表 1

	夏季	冬季
室外干球温度（空调）（℃）	34.4	−2.2
室外干球温度（通风）（℃）	31.2	4.2
室外湿球温度（℃）	27.9	—
室外计算相对湿度（%）	—	75
大气压力（Pa）	102540	100540

主要房间室内设计参数　　　　　　　　　　表 2

主要房间名称	夏季		冬季		人均面积（m²/人）	运行时间	新风量[m³/(人·h)]
	温度（℃）	相对湿度（%）	温度（℃）	相对湿度（%）			
病房	25	60	22	—	3 人/间	00:00—24:00	50 (2h⁻¹)
诊室	25	60	20	—	4	08:00—18:00	40 (2h⁻¹)
门诊大厅	26	65	18	—	2	08:00—18:00	25
ICU 重症监护	25	55	23	40	6	00:00—24:00	2h⁻¹
放射科	24	60	21	40	5	08:00—18:00	50 (2h⁻¹)
污洗间	26	65	18	—	5	00:00—24:00	—

2. 功能要求

本项目的功能用房较多，有门急诊诊室、医技用房、手术室、住院病房、中心供应、各类后勤用房等。空调系统的任务就是要根据不同功能房间的需求，配置相应的空调系统及末端，控制尘菌浓度、温度、湿度、气流、噪声、气味等。

3. 设计原则

项目的设计原则是维持医疗过程中所需要的最适宜的医疗环境、卫生环境，在建立舒适、健康的室内环境的同时，尽量采取节能或节约运行费用的措施。

三、暖通空调系统方案比较及确定

1. 空调冷热源方案比较及配置

本项目位于上海市闵行区北部的新虹桥国际医学中心内。该医学中心规划总用地面积约 31.13 公顷，规划总建筑面积约 70 万 m²，建设包括复旦大学附属华山医院临床医学中心在内的多家医院、特色诊疗中心、保障中心等。

医学园区内设有集中能源站为园区内客户提供冷（热）源。能源站采用分布式供能系统、燃气溴化锂机组、蓄能、电动离心式冷水机组和燃气锅炉结合的多元供能方式，其全年的供冷、供热情况见表3。为了运行管理方便及界面清晰，能源中心供能管网和用户管网之间采用间接连接的方式，即用户均设板式换热器隔离。

能源中心供冷、供热情况

表3

	第一路水管	第二路水管	第三路水管	
	空调冷源	生活热水热源	空调冷源	空调热源
供应时间	全年	全年	5月至10月	11月至次年4月
供回水温度（℃）	6/13	85/60	6/13	50/40

与自建冷热源计算比较，本项目采用能源综合利用效率大于80％的区域能源站作为冷热源，设计日可减少燃料耗量约1000m³/h，减少耗电量约40000kWh，节能、节约运行费用效果显著。此外，项目内没有大型燃气锅炉房、大规模的冷却塔，增加了可以使用的面积，也维持了较好的医疗环境。因此，结合医院项目用能的特点，本项目的空调冷热源方案最终确定为以区域能源站全年供冷供热为主、自建蒸汽锅炉房，并配以多联机、溶液除湿空调等辅助冷热源的形式。

经逐时计算，项目全年的冷热负荷情况详见表4。在地下室的换热机房内设置3台换热量为4100kW的供冷板式换热器和3台换热量为3000kW的供热板式换热器作为项目的冷热源。空调冷水供回水温度为7℃/14℃，空调热水供回水温度为44℃/39℃。此外，在门急诊医技及病房楼4层屋面预留空气源热泵机组放置场地和电量，将空气源热泵作为净化空调系统的备用冷热源。医院的洁净区、中心供应均需使用蒸汽，园区能源站无蒸汽供应，故本项目自建蒸汽锅炉房，内设2台燃气蒸汽锅炉，每台锅炉额定产汽量为1.5t/h，供汽压力0.8MPa。后勤楼与门急诊医技及病房楼独立分开，相距较远，为了减少水系统的输送能耗，空调系统独立设置变制冷剂流量多联式空调系统。地下室的直线加速、射波刀、影像科大型医疗机房（MRI、CT、DR等）采用多联机空调系统加溶液除湿新风空调箱的系统，满足控湿控温灵活使用等要求。

项目负荷统计（kW）

表4

夏季空调冷负荷	夏季空调热负荷	冬季空调热负荷	冬季空调冷负荷	生活热水
12300	1100	9000	500	2641

由表4可知本项目空调负荷的特点是全年同时存在冷、热负荷，表3显示能源站在夏季无空调热源，为了避免自建热源，降低项目的造价，空调供热板式换热器夏季利用了第二路水管（生活热水）多余的供热能力，一次侧设计为季节切换满足夏季供热需求，具体的连接方案为：供冷板式换热器全年接能源站的第一路水管（空调冷源）；供热板式换热器在5月至10月接第二路水管（生活热水热源）、11月至次年4月接第三路水管（空调热源）。本项目是园区能源站较早使用的用户，通过简洁成熟的技术手段解决了能源站在夏季无空调热源的问题，为同类项目使用区域能源提供了解决方案和思路，有效推动了区域能源站的广泛使用。

2. 空调水系统

空调水系统为一级泵变流量闭式机械循环系统。根据使用时间和可靠性，本项目分为三个功能区——病房楼、门诊医技楼、手术区/ICU/急救，分设三套水系统管路。三个分区中最不利末端离冷热源机房的距离基本相等，水管路阻力相差较小，因此三个系统合设一套空调水泵，以节约机房面积和投资，水泵均为变频控制，台数按 3 大 2 小进行搭配，负荷高峰时间段运行大流量水泵，部分负荷时则运行小流量水泵，减少水泵能耗。

空调水系统为二管制和四管制相结合的系统。病房楼形状窄长，病房靠外墙布置，有可开启外窗，空调冷热需求随着季节变化；内区房间发热量小不需要全年供冷，因此采用二管制空调水系统以节约投资。医技、门诊区域、洁净手术部体型较大，有大量的内区存在，采用四管制水系统满足室内温湿度的需求。图 2 为空调水系统示意。

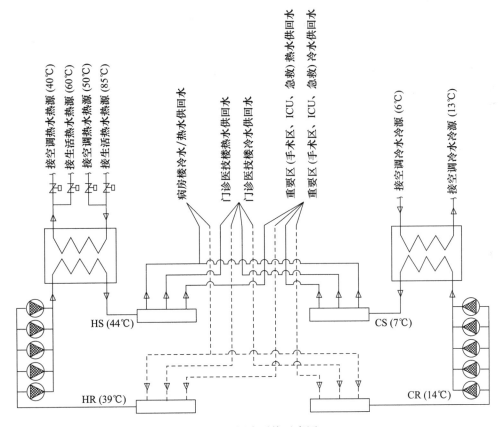

图 2　空调水系统示意图

3. 空调末端系统

普通诊室、办公室、会议室、病房、地下高压氧舱区域各房间和地下室战时医院所在区域等均设置风机盘管加独立新风系统。

为了改善空气品质，内区诊室采用了风机盘管加空调箱全空气定风量系统，按区域分别设置若干个全空气定风量系统。空调箱承担诊室内的照明、设备负荷及室内湿负荷，风量按室内换气次数 $6h^{-1}$ 确定。空调季节空调箱新风量为 $2h^{-1}$，过渡季节空调箱可按全新风工况运行，此时，诊室可实现换气次数达 $6h^{-1}$ 全面通风。疫情期间空调箱全新风运行，可降低空气交叉感染的风险，为医护人员的健康增加一道屏障。风机盘管主要承担人员显热负荷，当诊室内人员数量发生变化时，风机盘管起到"调峰"作用。诊室内气流组织为上送上回，新风口和送风口均布置于医生上方，排风口和回风口位于病人上方，使得医生处于较为干净的气流中。图3为诊室风系统示意图。

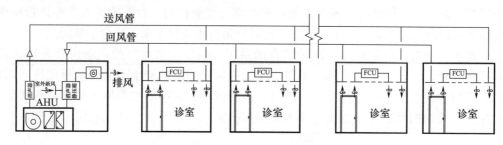

图3　诊室风系统示意图

门诊候诊大厅、输液室、留观区等大空间采用单风管定风量一次回风式全空气低速空调系统，气流组织为上送下回，回风口设置在空气相对较脏区域，以形成清洁空气从清洁区域流向污染区域的状态。输液室设有下排风口，排除污浊的空气。

发热门诊病人区、科研实验解剖室、病理科切片室、染色室、冷冻室、FISH等采用全新风直流系统。其中，发热门诊病人区采用自带压缩机的冷凝热回收新风机组，该设备在进行新风冷热处理时，室内排风通过冷凝器，回收排风中的能量，室外新风通过蒸发器，排风与新风通路完全隔绝。

急救区域CT、DR检查室、控制室、检验科、输血科实验室、药房均采用变制冷剂流量多联机加新风空调系统，满足各个区域个性化的温湿度要求。

地下室影像科大型医疗机房（MRI、CT、DR等）、核医科SPECT检查室、放疗科直线加速、射波刀、模拟定位、计划室、阴凉药库等采用变制冷剂流量多联式空调系统加溶液调湿新风系统。与冷冻除湿、转轮除湿相比，溶液调湿具有能耗低、湿度控制精确、避免冷热抵消的能量损失等优点，并可解决由于地下室潮湿导致医疗设备不能正常运行、药品变质、人员舒适性较差等问题。

PCR实验室、中心供应的净化区域、手术室静脉配药中心、营养药物配置、细胞毒性及抗菌药物配置间、ICU病房及手术室等区域预留净化空调机房、空调冷水、热水的接口及新排风的通路，由专业工艺设计深化。

四、通风防排烟系统

1. 通风系统

地下室核医科中含有放射性污染物质的排风设独立机械排风系统，排风机设于医技楼屋面，并设活性炭装置处理。地下室MRI扫描间设紧急排风系统，当发生氮气泄漏事故时，排风系统启动。

实验室根据通风柜或生物安全柜的设置分别设机械排风系统，维持房间一定负压，排风机设于医技楼屋面，并设活性炭过滤装置处理。病理科切片室等设置通风柜排风系统，以排除样本异味及甲醛等有害气体，排放口位于设备夹层。静脉配药中心细胞毒性及抗菌药物配置间通风柜设置机械排风系统，排放点位于屋面。

供应消毒中心在蒸汽消毒装置处设置机械排风系统，以排除余热；低温消毒室设置直通屋面的透气管，以排除室内的有害气体。

发热门诊病人区域采用全新风直流系统，并处于负压状态，以防止空气病毒传染。病房卫生间设置竖向排风井，在屋面安装排风机进行机械排风。

车库、变配电间、锅炉房等设备用房设置独立通风系统。垃圾房设置独立排风系统，并采用除臭装置。厨房设油烟排风系统，油烟经排烟罩过滤后，经过油烟静电净化装置处理后，在病房楼屋面高空排放。厨房设置燃气泄漏事故通风系统，并设置小风量平时排风系统。煤表间考虑采用平时和事故兼用的机械排风机，通风装置采用无火花型防爆风机。

2. 防排烟系统

本项目防排烟系统按上海市工程建设规范 DGJ08-88—2006《建筑防排烟技术规程》实施。

地下汽车库，利用平时机械排风系统做火灾时机械排烟系统，自然或机械补风，排烟量按 $6h^{-1}$ 换气次数进行计算，补风量按 $5h^{-1}$ 换气次数计算。

面积大于 $100m^2$ 的房间均设有机械排烟系统，排烟量按 $60m^3/(m^2 \cdot h)$ 计算。中庭等高大空间，采用自然排烟，排烟窗设置在高位，开窗实际面积为地面面积的 5%，并设自然补风。地下室大于 $500m^2$ 的空间如员工餐厅、地下门厅设机械排烟系统，并设自然补风。5 层报告厅设有机械排烟系统，并设有机械补风系统，补风量为排烟量的 50%。

通向地下室的敞开楼梯间采用自然通风的防烟方式。其他楼梯间、合用前室（消防电梯前室）均设置机械加压送风系统；楼梯间地下部分单独设机械送风系统。门诊医技楼的防烟楼梯采用直灌式正压送风系统。送风量均经过计算及查表确定。

五、控制系统

本项目设有楼宇自动控制系统（BAS），通风设备、空调机组、冷热源设备等的运行状况、故障报警及启停控制均可在该系统中显示和操作。

根据各水系统冷热负荷的需要，对空调冷、热水循环泵进行变频调速和台数控制。各空调房间均设置温度自动控制，冬季时另设湿度控制。四管制空调机组夏季由回风温度信号控制冷水管上的两通调节控制阀。冬季由回风温度信号控制热水管上的两通调节控制阀，回风相对湿度信号控制加湿器的加湿量。空调机组新风入口的开度可调风阀与该机组联动，开关控制。风机盘管由房间温度控制回水管上的双位两通控制阀，并设有房间手动三挡风机调速开关。溶液调湿新风机组自带温度、湿度控制和负荷调节控制。多联机空调系统自带 BA 控制系统，并留有大楼 BA 控制接口。

六、工程主要创新及特点

（1）根据不同使用功能建筑的需求，采用区域能源、多联机空调系统、温湿度独立控制空调系统相结合的复合型冷热源，既满足各区域不同的控温、控湿、净化等需求，而且使用灵活，方便管理。

（2）按功能分设子系统、二管制和四管制相结合的空调水系统，水泵采用大小搭配变频控制的措施，可根据负荷变化合理调度水泵的运行以提高系统的运行效率，降低水系统的输送能耗。

（3）发热门诊采用带热回收功能的直流式空调系统，在进行新风冷热处理时回收排风中的能量。该机组与非冷凝排风的直膨型新风机组比节能 20%～30%。

（4）部分内区诊室采用风机盘管加空调箱全空气定风量系统，诊室的新风换气次数可在 2～6h^{-1} 之间变化，可改善内区诊室的空气品质。抗击疫情期间，空调箱全新风工况运行，使得内区诊室变成直流全新风系统，大大降低了医务人员及其他病人交叉感染新型冠状病毒感染的风险。

（5）采用多联机空调系统加溶液除湿新风空调箱的系统，解决了地下室潮湿环境中重要医疗用房的湿度控制问题。

广州市第八人民医院二期建设工程

- 建设地点： 广州市
- 设计时间： 2012 年 7 月—2020 年 3 月
- 竣工时间： 2020 年 3 月 27 日
- 设计单位： 广州市城市规划勘测设计研究院
- 主要设计人：刘汉华　李　刚　吴哲豪
　　　　　　　廖　悦　张湘辉　刘文茜
- 本文执笔人：刘汉华　吴哲豪

作者简介：

刘汉华，教授级高工，注册公用设备工程师，就职于广州市城市规划勘测设计研究院。主要设计代表作品：南昌昌北机场、江西省博物馆、重庆江北国际机场 T2 航站楼、南昌皇冠国际、广州星寰国际广场、南沙花园度假酒店、中山六院、珠海横琴综合智慧能源站 2#、5#、6#、9#站；主编专著《医院暖通空调节能设计及案例》。

一、工程概况

二期工程位于白云区嘉禾尖彭路，建设总占地面积 35000m²，规划建筑面积 50000m²，设置床位 800 张，包括感染病住院楼、扩建医技楼、后勤楼改造及污水处理工程。图 1 为项目外景图。

1. 感染病住院楼

建设用地位于医院西南侧，总建筑面积 25746.8m²，其中地上建筑面积 14700.2m²，地下建筑面积 11046.6m²。建设规模为 300 床（包含 100 床羁押病房）其中约 280 个负压病床。感染病住院楼地上 8 层、地下 2 层，建筑高度为 35.0m。感染病住院楼内布置了感染病门诊、影像和感染病护理单元等功能。感染病住院楼采用集中空调，夏季制冷、冬季供暖。按各层各区域用途、空调面积、室外设计温度及室内参数计算负荷，结果见表 1。

图 1　项目外景

感染病住院楼各层功能区域空调冷热负荷统计表   表 1

楼层	功能区域	建筑面积（m²）	空调面积（m²）	空调冷负荷（kW）	空调热负荷（kW）
首层、2 层	门诊、影像	3990	3000	600	240
3～8 层	病房、办公	10440	8300	1245	620
汇总	—	14430	11400	1845	860

2. 扩建医技楼

建设用地位于一期医技楼东南侧，总建筑面积 8603m²，其中地上建筑面积 6335.8m²，地下建筑面积 2267.2m²。扩建医技楼地上 5 层、地下 2 层，建筑总高度 23.95m。扩建医技楼内布置了介入中心、功能检查、检验科、病理科、研究所、P3 实验室、病案室、库房等功能。扩建医技楼采用集中空调，夏季制冷、冬季供暖。按各层各区域用途、空调面积、室外设计温度及室内参数计算负荷，结果见表 2。

扩建医技楼各层功能区域空调冷热负荷统计表   表 2

楼层	功能区域	建筑面积（m²）	空调面积（m²）	空调冷负荷（kW）	空调热负荷（kW）
地下 1、2 层	病案室、库房	2268	1800	250	100
首层、2 层	介入中心、功能检查、检验科	2418	2180	436	175
3～5 层	病理科、研究所、P3 实验室	3642	3300	660	264
汇总	地下区域	2268	1800	250	100
汇总	地上区域	6060	5480	1096	439

3. 冷热指标

空调冷指标 134W/m²（空调建筑面积）；空调热指标 56W/m²（空调建筑面积）。

二、暖通空调系统设计要求

根据国家相关规范，结合项目具体情况，确定室内设计参数，如表 3 所示。

室内设计参数   表 3

房间名称		夏季		冬季		新风量标准	A 声级噪声标准（dB）
		温度（℃）	相对湿度（%）	温度（℃）	相对湿度（%）		
手术室	Ⅰ、Ⅱ级	22～25	40～60	19～22	40～60	6h⁻¹	≤40
手术室	Ⅲ、Ⅳ级	22～25	40～60	19～22	40～60	4 h⁻¹	≤40
产房、新生儿		24～26	40～60	19～22	40～60	4 h⁻¹	≤40
重病监护		≤21	40～60	≤21	40～60	15%	≤40
医疗功能用房		24～26	40～75	18～20	40～75	30m³/(人·h)	≤45
诊室、检查室		24～26	40～75	20～24	40～75	30 m³/(人·h)	≤45
病房		25～26	40～75	19～23	40～75	30m³/(人·h)	≤45
大厅、走道		25～27	40～60	18～20	40～60	4 h⁻¹	≤40
中心供应		25～28	—	20～23	—	30m³/(人·h)	≤45
办公用房		25～26	40～75	18～22	40~-75	30m³/(人·h)	≤45
餐厅		26	40～65	18～20	40～65	20m³/(人·h)	≤50

三、暖通空调系统方案

1. 制冷（供暖）机组

（1）感染病住院楼

采用 2 台空气源涡旋热泵冷水机组（制冷量 175kW、制热量 200kW）＋1 台风冷螺杆式热泵冷水机组（制冷量 350kW、制热量 400kW）＋3 台风冷螺杆式冷水机组（制冷量 350kW）。机组与配套水泵均设置在天面。

制冷实际装机容量为 1750kW，并能保证冷量的调节范围在 10％（175kW）～100％（1750kW）之间都能使各机组及相应的水泵保持高效率的运行。供暖实际装机容量为 800kW。

（2）扩建医技楼

① 地上区域。采用 2 台风冷螺杆式热泵冷水机组（制冷量 210kW、制热量 220kW）＋2 台风冷螺杆式冷水机组（制冷量 300kW）。机组与配套水泵均设置在天面。制冷实际装机容量为 1020kW，并能保证冷量的调节范围在 20％（210kW）～100％（1020kW）之间都能使各机组及相应的水泵保持高效率的运行。供暖实际装机容量为 440kW。

② 地下区域。采用 1 台多联变频集中空调机组（制冷量 107.4kW、制热量 120kW）＋1 台多联变频集中空调机组（制冷量 90kW、制热量 100kW）＋2 台多联变频新风机组（冷量 28.5kW、制热量 33.5kW）。机组设置在首层室外。制冷实际装机容量为 254.4kW。供暖实际装机容量为 287kW。

2. 空调水系统

① 感染病住院楼、扩建医技楼地上区域。根据相应的制冷机组配备冷水泵，其中各有一备用水泵，提供冷水动力，供给末端设备。为了保证水管路的质量，在冷水管网安装过滤器及旁通式水处理装置，冷暖水共用一套管网系统。夏季制冷系统与冬季供暖系统共用一个管网，立管采用四管制，水平管采用双管制，空调冷热水由设置在空调主机通过水管网输送至每个服务区域。水平回水干管设置压差式动态平衡阀，同时设置冷量计量装置。

② 本项目采用水平同程走管，保证各病房远近之间阻力尽量平衡。

③ 冷水均采用一级泵（变频）变流量系统：冷水泵转速根据管网最不利环路末端压差和冷水机组最小允许流量确定。

3. 空调风系统

（1）感染病住院楼

感染病门诊、影像采用风机盘管加新风系统，新风采用定风量阀，需经粗、中效二级过滤处理后直接送至风机盘管出风管混合后送入房间。每间没有外窗的房间设置排气扇排至排风管内，然后经排风机排入竖井，排出天面。

3～6 层的感染病房区域采用全空气系统，平时，新风和回风混合处理通过送风管送到每个房间并且每个房间具有调节功能保证房间负压，在特殊疫情时期，该设备实现全新风运行，对新风处理后送入室内，而回风管上的排风机实现全排风功能。负压病房换气次数符合 GB 50849—2014《传染病医院建筑设计规范》的要求。

7～8 层的感染病护理单元小开间采用风机盘管加新风系统，新风需经粗、中效二级过滤处理后直接送至风机盘管出风管混合后送入房间。每间房间设置排气扇，直接排入竖井或排至排风管内，然后经排风机排出室外。

感染楼的负压病区空调系统末端采用平疫结合医院设计，主要设计理念为全空气系统（双风机）＋独立排风机：①作为传染、感染病医院，全空气系统杜绝水，减少房间内污染源和细菌的滋生，保证空气质量。②传染、感染病医院要满足压力差，密闭性很重要，尤其是医院的内区，对温度、湿度尤其重要，风机盘管的处理湿能力弱，而全空气系统处理湿负荷能力强。③考虑平战结合，疫情来临时，风机盘管＋新风系统的新风量巨大，如何保证全新风运行，而全空气系统可以保证足够新风量和处理的新风负荷。④负压病房关键技术参数的控制：疫情期间，为了保护进入病房的医护人员的健康，防止交叉感染，通过进行压差气流组织的控制，提出负压病房关键参数控制技术。⑤新风预冷蒸发除湿技术：为了给病人营造一个安全舒适的病房环境，防止室内新风由于广州市梅雨季节的空气湿度过大导致在病房内遇冷凝结，故采用新风预冷蒸发除湿技术，将送入病房的新风进行除湿处理。负压病房布置如图 2 所示。负压病房温湿度、负压值及压力梯度控制、新风量、空气洁净度级别、换气次数、噪声等技术指标参照国内最新标准、规范及国际标准执行，项目建成后，经院方测试合格后投入使用，在本项目病区收治了 2020 年全年广东省 90％以上的新冠肺炎患者，救治率在全国及全球领先，达到国际先进水平。

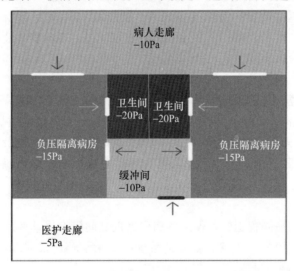

图 2　负压病房布置

新风质量处理技术：当室外空气品质不佳时，新风处理机组可根据需求选配不同功能段，对送入室内的新风进行多种预处理，以确保新风安全、洁净、新鲜，以实现对室内空气品质和湿度的调节。新风系统处理见图 3。

（2）扩建医技楼

公共、普通区域采用风机盘管加新风系统，新风处理独立送入室内，无外窗的房间设置机械排风。部分实验室区域采用全空气系统和负压设计，具体由专业公司负责设计，已预留用于独立排风处理的排风井。消防控制中心设单冷分体空调器，电梯机房采用分体式空调器。污物的处置室也要进行排风，排风的换气次数不小于 $6h^{-1}$，并要防止室外空气从排风口中倒灌。各末端机组均配置杀毒灭菌装置。

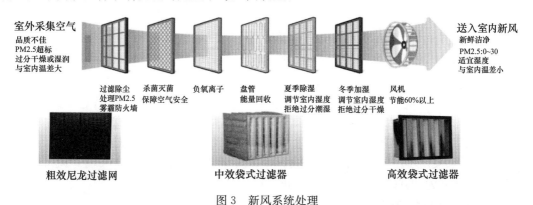

图 3　新风系统处理

四、通风防排烟系统

1. 通风系统

各区域通风系统参数设计见表 4。

各区域通风系统参数设计　　　　　　　　　　　　表 4

	排风换气次数（h^{-1}）	备注
变配电室	15	室内负压
卫生间	15～20	室内负压
地下设备用房	7	室内负压
药库排风	3	室内负压
化验科室	3	室内负压
暗室	10	室内负压
中心供应（分类清洗、消毒）	8	室内负压
ICU、	不小于新风 90%	室内正压
临时观察、体液	3	室内负压
候诊厅	不小于新风 90%	室内正压
会议室	不小于新风 90%	室内正压
地下车库	按规范	自然与机械补风相结合

卫生间每间设有排气扇及独立排风系统，排风机设在屋顶上，排风箱风量按新风总量的 90% 选用，经排风竖井排至室外。

地下变配电室按其发热量计算，夏天送冷风，室内循环，其他季节设机械送、排风系统；地下设备用房均设机械送、排风系统，把余热排出室外；污洗间设独立机械送、排风系统，把异味、臭气、湿气排至室外；地下车库按面积自然进风与机械送风相结合，按防烟分区设机械排风兼排烟系统，换气次数 6h^{-1}；ICU、病理解剖标本室等设计机械排风除臭。

2. 感染病楼防排烟系统设置

（1）防烟系统

除少部分有条件设置自然通风的防烟楼梯间外，防烟楼梯间、合用前室、消防电梯前室等采用机械加压送风系统。当发生火警时，由消防中心控制加压风机启动，给楼梯间及前室加压送风。

（2）排烟系统

根据建筑功能及防火分区划分防烟分区，设置机械排烟系统。当发生火警时，由消防中心控制该防烟分区的排烟风口开启。若排烟系统与平时通风、空调系统兼用时（风口为常开型），必须关闭不需要排烟的风口并启动风机，但当烟气温度达 280℃时，风机前的防火阀（熔断温度为 280℃）关闭，风机停止运行。

3. 扩建医技楼防排烟系统设置

（1）防烟系统

大部分防烟楼梯间采用自然通风。不满足自然通风的防烟楼梯间采用机械加压送风系统。当发生火警时，由消防中心控制加压风机启动，给楼梯间加压送风。

（2）排烟系统

根据建筑功能及防火分区划分防烟分区，设置机械排烟系统。当发生火警时，由消防中心控制该防烟分区的排烟风口开启。若排烟系统与平时通风、空调系统兼用时（风口为常开型），必须关闭不需要排烟的风口并启动风机，但当烟气温度达 280℃时，风机前的防火阀（熔断温度为 280℃）关闭，风机停止运行。

五、运行控制策略

1. 冷水泵及制冷机组等进行程序控制

冷水泵、制冷机组——对应连锁运行，根据系统冷负荷变化，自动或手动控制制冷机组的投入运转台数（包括相应的冷水泵等）。开机程序：冷水泵→制冷机组。停机程序相反，而制冷机组、冷水泵等也可单独手动投入运转。

各冷水泵、制冷机组等均独立由有关电气控制元件和执行元件来控制开、停，能量控制、安全保护、各运行参数监控等进行单机自控或群控。

2. 空调机组（新风机组）控制

空调机组的水路上装有电动调节阀，由回风温度感测元件和水路上电动调节阀，调节水量控制送风温度。新风机组的水路上装有电动调节阀，通过送风口温度感测元件，调节水量控制送风温度。净化空调机组除冷（热）水路电动阀控制温、湿度外另需电加湿器，使室内温湿度达到要求。

①风机启停控制及状态显示，故障报警；②温度、湿度等参数显示，超限报警；③温度、湿度、焓值控制及防冻保护控制；④风过滤器堵塞报警控制。

3. 风机盘管的控制

每个风机盘管设有温度控制器（带季节转换四挡三速开关，电动两通阀的室内恒温器）。根据室内回风温度手动调节风机盘管的风量大小和自动控制水路的断、开。每层楼的空调回水管路上装有电动阀，当该楼层不用时可关闭。

4. 通风系统

①通风系统的启停及连锁控制；②风机运行状态显示，故障报警。

六、工程主要创新及特点

1. 负压病房关键技术参数的控制

系统组成：主风机＋支路风机＋风口＋低阻抗管网＋控制系统

采用"总送风量控制策略"实现层间区域风量控制，通过计算排风机转速信号及排风量测定进行汇总分析传至控制柜加权分析处理，然后输出控制信号给主风机，主风机按此调速运行，实现联动调控、控制整个送风系统送风量。根据压力差反馈信号到智能控制柜，智能控制柜通过计算输出控制信号到送风支管上的电动蝶阀进行风量调整，用以保证室内压力要求解决建筑室内空气的安全、舒适性问题。

2. 新风预冷蒸发除湿技术的应用

通过改变新风状态点从而改变新风与室内机的送风混合点，让空气混合点远离饱和湿度线以免有冷凝水的析出。主要手段为室外送入的新风先通过直接蒸发式除湿单元，再通过热回收的两次处理过程后送入室内，让除湿后空气与室内岗位空调风混合，保证混合空气远离饱和湿度线，确保没有空气冷凝水析出，并且当室外空气趋高温高湿时该技术除湿过程的效果更是明显。

3. 病区（三区两通道）的压力梯度控制技术

送排风机都采用变频风机设计，其新风机、排风机采用智能联动的风机系统，传感器将检测的室内空气状况转化成数字信号，同步传递到该区域的送、排风机变频模块，模块根据信号大小智能调节风机的转速从而实现风量变化。另一方面，区域送风系统需结合压差传感器、新风最小新风量、空气品质传感器及实时 CO_2 浓度探测等多方面的监测指标对风机的变频模块进行控制，实现新风机、排风机之间的联动控制以满足空气质量需求。

4. 新风质量处理技术

当处于不同室外环境或室外空气品质不佳时，新风处理机组可根据需求开启不同功能段，对送入室内的新风进行多种预处理，以确保新风安全、洁净、新鲜，以实现对室内空气品质和湿度的调节。

5. 中央集中远程控制技术

环境中央集中控制系统根据排风机转速及排风量测定点开放式调整送风机送入区域总体送风量，再通过各内部房间压力值反馈到终端的中央机组进行计算，适当对应调整各房间的送风支管的电动阀，实现联动调控、按需供给。解决建筑室内空气的安全、舒适性问题，降低通风空调的能耗，实现现代智能建筑的数字信息化，可集中对系统中各主机进行远程在线监测、管理和控制。

天津体育学院新校区一期项目北区能源站工程设计

- 建设地点： 天津市
- 建设时间： 2014 年 11 月—2016 年 1 月
- 竣工时间： 2017 年 10 月
- 设计单位： 天津大学建筑设计规划研究总院有限公司
- 主要设计人：陆 义 杨成斌 王建栓
  胡振杰
- 本文执笔人：陆 义

作者简介：

陆义，高级工程师，注册暖通工程师，就职于天津大学建筑设计规划研究总院有限公司。主要从事冷热源综合能源站设计，先后参与设计十余项冷热源综合能源站，供冷热面积 400 余万 m²，涉及深层地热井水、中深层地源热泵、浅层地源热泵、太阳能异聚态空气源热泵、蓄冷蓄热等多种可再生能源形式。

一、工程概况

天津体育学院新校区（见图 1）位于天津市团泊西区健康产业园内，占地 166.7 公顷，建筑面积 45.0 万 m²，设置 2 座能源站，分别为南区能源站与北区能源站。其中北区能源站服务校园北区，服务范围内含田径馆、武体馆、游泳馆、乒羽馆、学生宿舍、办公教学楼、行政中心、图书馆等多栋建筑，总建筑面积约 20.4 万 m²。

图 1　天津体育学院新校区鸟瞰图（北区能源站位于景观湖南侧）

各栋建筑单体内的空调末端形式：夏季宿舍采用分体空调，其他单体采用集中空调，空调末端包括风机盘管＋新风系统与全空气系统；冬季所有单体均集中供热，末端包括集中空调系统、地板辐射供暖系统，以及局部少量的散热器供暖系统。

此外，学生宿舍内提供集中的生活热水用于淋浴，有生活热水热负荷需求。游泳馆内设置有 2 座泳池，有池水加热的热负荷需求。

北区能源站位于校园北区景观湖南侧，是一栋独立的单层建筑。能源站地上、地下各 1 层，总建筑面积 2112m²，包括机房、变电站、控制室、值班室。

二、暖通空调冷热源系统设计要求

本工程为集中能源站设计专项，承担校园内的空调冷热负荷、生活热水热负荷、泳池加热热负荷，其中生活热水热负荷与泳池加热热负荷，是根据建筑单体的设计院提出的需求确定，空调冷热负荷的确定结合了各建筑单体的计算负荷，并进行校园内基于各建筑使用规律的全年空调负荷模拟。能源站外景见图 2。

最终确定能源站设计空调冷负荷 14.6MW，空调热负荷 14.2MW，生活热水负荷 4.6MW，泳池池水热负荷 1.5MW。在综合比较冷水（热泵）机组效率、末端设备的冷热处理能力、系统耗电输冷（热）比后，确定空调系统的设计供回水温度为夏季 6℃/13℃，冬季 47℃/40℃。冷却塔设置在能源站的屋顶，供回水温度 30℃/35℃。

图 2　天津体育学院新校区北区能源站外景

三、暖通空调冷热源系统方案

根据天津体育学院新校区周边的能源条件与用地范围内的场地条件，集中能源站采用了多种可再生能源综合利用的能源形式，包括深层地热井水梯级利用水源热泵系统、浅层地源热泵系统、地热井水换热＋太阳能＋储热的生活热水系统、水冷冷水机与调峰用燃气锅炉。

1. 深层地热井水梯级利用系统

在能源站内设有一口深层地热井，能源站外约 600m 处设另一口地热井，井深约 2000m，两口井轮换使用。地热井水出水量 120～140m³/h，出水温度 60～65℃。地热井水梯级利用系统设置了 2 级换热，第一级换热后提供 3.1MW 热量，第二级换热后再配置 2 台水源热泵机组，提供 6.2MW 热量。水源热泵机组配套设置冷却塔，在夏季可提供 5.0MW 冷量。

地热井水一级换热 60℃/41℃，二次侧直接提供空调热水 47℃/40℃；二级换热 41℃/8℃，二次侧为水源热泵提供源水 23℃/7℃。2 台水源热泵机组串联，第 1 台进出水温 23℃/15℃，第 2 台进出水温 15℃/7℃。相比并联，机组串联可提高 5%～10%的能效，且第 1 台机组在寒假期间可高能效运行。

两口地热井开采与回灌轮换使用，地下井水全封闭运行，保证井水无污染，设计回灌率 100%，实际运行中也基本 100%回灌。

此外，地热井水一次侧设置了生活热水换热的旁流支管，在冬季值班供暖模式下，旁流地热井水进行换热储热，为生活热水及泳池池水加热提供热源。

2. 浅层地源热泵系统

在设计之初，考虑采用浅层地源热泵系统时，即首先进行了地埋管性能保障性设计。

（1）土壤热响应试验。实施土壤热响应试验，以实际土壤取放热性能确定土壤埋管数量。

（2）地埋管系统水力平衡。采用分组式管孔布局和同程式干管设计措施，实现地埋管系统水力平衡。

（3）土壤热平衡设计。综合调整地源热泵和冷水机组运行时间，计量地源热泵的取热量与排热量，实现土壤取排热量平衡。

（4）地热井水为土壤补热。地源热泵系统设置有总热量计量，监测土壤的取热量，若冬季取热量过大，在过渡季节通过地热井水旁通或太阳能系统为土壤补热。

最终确定在北区能源站西侧约 140m 的校园内足球场下设置了 1100 口浅层地埋管竖井，井深 120m，双 U 形管布置。冬季地埋管侧设计温度 10℃/5.9℃，夏季地埋管侧设计温度 25℃/30℃。能源站内设置 2 台地源热泵机组，夏季提供 5.2MW 冷量，冬季提供 5.3MW 热量。冬季地埋管侧设计温度 10℃/5.9℃，夏季地埋管侧设计温度 25℃/30℃。

3. 冷热源的调峰措施与保障措施

能源站内设置了水冷冷水机组与燃气锅炉，作为冷热源的调整与保障措施。

（1）水冷冷水机组：能源站内设置 2 台水冷冷水机组，其中离心机提供 2.8MW 冷量，螺杆机提供 1.4MW 冷量，冷水系统共提供 4.2MW 冷量。

（2）燃气锅炉系统：能源站内设置 12 台超低氮模块化燃气锅炉，作为供暖保障，共提供 7.8MW 热量。燃气锅炉主要作为冬季供暖的保障措施，在其他系统故障时投入使用。能源站投入使用已 6 个供暖季，各系统均运行平稳，燃气锅炉基本未使用。虽然如此，作为北方地区供暖的安全保障，设计时仍有设置的必要，特别是为建筑群服务的能源站，应充分考虑供暖的可靠性。

4. 生活热水系统

在能源站附近的学生宿舍的屋顶设置了太阳能集热板，面积约 3800m²，秋分日设计日产 50℃生活热水 240t。在能源站地下 1 层设置 2 台生活热水的储热水箱，各 100t，由能源站深层地热井水在日间进行旁流换热储热，必要时燃气锅炉也可以投入换热储热系统。

生活热水供给顺序为：太阳能生活热水直供系统—地热井水换热储热系统—燃气热水机组换热系统。在能源站运行的 6 年中，太阳能＋地热井水旁流换热，满足了绝大多数时间的生活热水需求，燃气锅炉基本未使用。

四、控制运行策略

新校区南北两个能源站建成后，实现了能源站自控系统连网，中央控制系统在寒暑假期间控制两个能源站的值班供暖供冷系统运行，根据负荷情况调节全校能源系统运行在最佳节能状态。

能源站运行的基本控制逻辑包括：确定各子系统在冬夏季的运行顺序，监测与控制各子系统的出力比例。冬季优先采用深层地热系统，在不高于年允许开采量的前提下，优先使用地热井水一级换热直供与二级换热＋一级水源热泵。不足部分开启地源热泵系统或二级水源热泵，此时需比较地源热泵系统与二级水源热泵机组的能效，主要影响因素是两个子系统的水温及太阳能不满足储热需求时地热井水换热的需求，优先运行高能效的系统。燃气锅炉子系统主要作为安全保障，在项目建成后，每年仅偶尔开启。

夏季优先运行地源热泵机组（效率最高），并监测夏季排热量，在冬季量入为出，保证地埋管区域温度场的稳定与地源热泵系统的高效。供冷不足部分采用水冷冷水机组补充，在极端天气或举办体育比赛等活动时，根据监测的回水温度，逐台投入水源热泵机组，满足峰值冷负荷的需求。

能源站智能型控制系统采用 PLC（可编程序控制器）为核心的控制系统，系统的运行逻辑由程序完成，减少人员操作和干扰。具有动态画面监控系统，监控显示采用触摸式液晶显示屏，操作简单方便。系统能对温度、压力、液位、设备状态等现场参数进行采集、显示，并根据工艺要求能自动控制能源主机、水泵、电动阀等设备的运行与调节；能记录一段时期内的数据，方便管理人员查阅；能自动判断系统及设备的故障，并发出声光报警。此外，自控系统还设置了自学习模块，通过对各子系统及各台主机设备的运行监测与冷热负荷的变化规律，由控制系统逐步迭代、优化控制逻辑。

值班供冷供暖系统控制：根据学校使用特点，自控系统设有值班供冷供暖系统，根据单体性质、使用时间、室外温度等控制因素控制系统的能量供给，在各单体热力入口均设有压力温度检测装置，热力入口均设有电动阀，典型房间设有温度检测装置，各单体的公共部位均设有地板辐射供暖系统作为辅助供暖与值班供暖装置，能源站根据检测数据、使用功能、使用时间、室外温度等控制因素，调节能源站的能量供给及地板辐射供暖系统能量供给，做到最大化节能。

五、工程主要创新及特点

1. 能源站同时使用系数的选取

建筑群集中能源站的优势之一在于可以利用用户间负荷互补特性，设计供冷设备容量小于分散式，从而降低系统初投资。然而设计难点在于同时使用系数的选取。建筑群负荷特性的关键在于时间互补。

项目设计人员与业主单位细致沟通，详细调研，在了解掌握其管理模式和使用方式的前提下，设置若干组建筑群使用场景，利用建筑负荷模拟软件对项目用户建筑群的负荷特性进行了充分研究，最终确定选用冷负荷同时使用系数 0.70，作为能源站设计依据，将原总冷负荷 20.8MW 降至 14.6MW。

基于值班供暖模式，总热负荷中的空调热负荷同时使用系数取值 0.74，泳池池水加热与生活热水负荷不做折减，以此设计可再生能源系统。另一方面，作为北方地区的高校，供暖系统的安全性要求远高于供冷，设置燃气锅炉作为调峰与备用热源。

2. 地热井水的多种利用方式

地热井水通过一级换热，直接提供空调热水；二级换热后通过水源热泵提供空调热水。在设计中还为地源热泵系统设置了过渡季节补热，但在 3 年多的运行中，通过各能源形式之间的调配运行，地源热泵系统取热与排热量接近，地温监测值稳定，故实际未运行补热模式。

夜间大部分单体运行值班供暖模式时，热负荷明显减小。能源站地下 1 层设有 2 台 100t 的储热水箱，旁流地热井水进行换热储热，以备阴雨雪及雾霾天气时太阳能产热不足。与常规太阳能热水系统 100％配置电辅热不同，能源站的太阳能热水系统未设置电辅热，且一直运行稳定。地热井水与太阳能热水系统耦合利用，为生活热水及泳池池水加热。

3. 多模式供冷与值班供暖设计

能源站承担多栋体育场馆建筑（多为高大场馆）共 7.5 万 m²，其负荷随使用情况变化很大。对体育场馆供冷系统设置教学、大型活动与大型比赛 3 种模式。对食堂餐厅，按学生就餐时间定时供冷。

冬季设置值班供暖模式。日间对办公楼、教学楼、宿舍正常供暖，对没有教学或比赛的体育场馆实行值班供暖；夜间对宿舍正常供暖，对其他建筑实行值班供暖，值班供暖时保证室温不低于 5℃。

根据建筑用户空调末端性能和负荷特性制定变水温质调节策略，利用室外温度补偿设定和控制系统供水温度。采用供回水压差和温差联合控制制冷侧循环水泵频率的量调节策略。采用基于负荷实现设备台数控制的机房群控策略，配置集中控制系统，并在每栋单体的热力入口处设置电动调节阀，在典型房间设置温度传感器，以实现不同供冷模式或值班供暖模式的控制，做到最大程度的节能。

4. 综合效益

在值班供暖及按需供冷模式下运行，并考虑寒暑假，全年运行费用测算值折合建筑面积为 19.68 元/m²（不含运维人员的工资），实际运行费用约 21.3 元/m²，比计算值略高 8％左右。

冷热源系统的可再生能源利用率 74％，生活热水系统的可再生能源利用率 80％。相比传统能源形式，每年节约标准煤 3913t，减排 10252t CO_2、94t SO_2、6t NO_x 和 266t 粉尘。冷热源系统做到了保护环境与碳减排，也为碳交易及碳中和创造了条件。

第 4 届 "全国建筑环境与能源应用工程专业青年设计师设计大赛"

乌兰察布市集宁热力公司太阳能(跨季节)供暖系统工程

- 建设地点： 乌兰察布市
- 设计时间： 2015 年 7 月—2016 年 1 月
- 竣工时间： 2016 年 11 月
- 设计单位： 中国建筑技术集团有限公司
- 主要设计人：狄彦强　张志杰　李颜颐
　　　　　　　狄海燕　刘寿松　李玉幸
- 本文执笔人：张志杰

作者简介：

张志杰，高级工程师，就职于中国建筑技术集团有限公司。长期从事能源发展规划、机电系统诊断、绿色建筑认证及建筑节能领域的技术研发、标准编制、工程设计咨询等工作。

一、工程概况

本项目位于内蒙古自治区乌兰察布市新城区来家地（东片区、西片区）热源厂，为太阳能光热＋常规锅炉复合供暖系统（见图1、2），主要承担热源厂服务范围内节能率65%以上的新建保障房辅助供暖等，建筑应用面积约 104.8 万 m²。

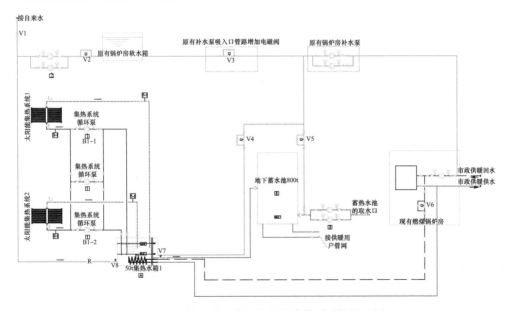

图 1　太阳能光热＋常规锅炉复合供暖系统原理图

图 2　现场施工安装图

太阳能光热系统采用横双排全玻璃真空管太阳能集热器，整个项目共安装了 796 组（东片区 256 组、西片区 540 组）横双排全玻璃真空管太阳能集热器，太阳能集热器总面积为 6320.3m^2。东片区太阳能光热系统配置 1 个 50m^3 非承压式集热水箱和一个 800m^3 非承压蓄热水池；西片区太阳能光热系统配置 2 个 50m^3 非承压式集热水箱和一个 1200m^3 非承压蓄热水池。

太阳能（跨季节）供暖系统主要功能：

（1）供暖季，供暖回水及系统补水经太阳能集热系统预热后进入锅炉加热到设计值，再供给供暖用户，从而减少锅炉房的耗煤量，同时改善大气环境质量。

（2）非供暖季，由太阳能集热系统为周边公共泳池及医院学校等公共设施供应生活热水。

（3）本项目中通过设置 1200t 地下储水池，在非供暖季通过太阳能集热系统对其进行跨季节储热，用于冬季供暖初期，进一步提高系统运行经济性。

二、工程主要创新及特点

针对本项目规模大、系统复杂、功能多样等特点，设计过程中采用了多种优化技术手段，解决了大型太阳能跨季节复合供暖系统设计过程中的技术难题。

1. 技术 1：太阳能跨季节供热系统负荷计算及设备选型优化分析

本项目地处内蒙古自治区乌兰察布市，晴天多且太阳辐射强，日照时数较长。属于二类太阳能辐射地区，全年日照时间在 3000～3200h 左右，水平面上年太阳辐照量在 5400～6700MJ/(m^2·a)，是全国的高值地区之一，光能资源异常丰富。

供暖负荷和热水负荷的大小及比例关系对系统的影响也很大，若系统热水负荷和供暖负荷相差不大，则采用短期蓄热系统就可以满足建筑需求；若系统热水负荷和供暖负荷相差较大，应优先采用季节蓄热系统，将非供暖季富余热量储存起来，本项目热水负荷与供暖季负荷相差较大且为跨季节多功能供热水，在设计阶段充分考虑了各个季节工况下太阳能辐照度、热水供应需求、集热量及蓄热的匹配性，进行了详细的负荷匹配性分析及计算。并采用了太阳能供热系统优化设计专用软件来提高本项目计算精度和验证设备选型合理性，本软件是以 GB 50495—2009《太阳能供热采暖工程技术规范》为基本依据，结合中国建筑热环境分析专用气象数据集中气象参数进行应用。

2. 技术 2：集热水箱、蓄热水池蓄/集热比优化设计

集热器生产厂家较多，产品水平相差较大，瞬时效率截距和总热损系数相差较大，根据国家太阳能热水器质量监督检验中心的统计数据，真空管型太阳能集热器瞬时效率截距从 0.45～0.85 不等，总热损系数从 1.87～8.07 不等。性能曲线不同的集热器在实际运行时平均效率会有明显差异，太阳能集热系统集热量也会有明显不同。太阳能集热器性能曲线是影响系统效率的重要因素之一，因此为保证后期实际集热效果，在本项目设计中对太阳能集热器产品性能参数提出了严格要求，作为甲方技术支撑单位，配合甲方将拟选用集热器产品抽样送至国家太阳能热水器质量监督检验中心进行测，最终结合检测结果择优选用高性能产品进行工程应用。

3. 技术 3：蓄热水箱蓄集热比优化技术

太阳能供暖系统中，作为连接用热设备和太阳能集热系统的装置，从某种角度讲，储水池既是供热设备又是储热设备。储水池的形式及容积大小直接影响储水池中的水温，进而影响太阳能集热系统的集热效率和供热效果。季节蓄热水池蓄集热比对季节蓄热系统效率影响很大，蓄热水池容积过小，很容易出现过热现象，带来安全问题，同时浪费热量。蓄热水池容积过大会增加系统投资，影响经济性，因此，储水池的形式是方案设计中不可忽视的重要问题。本项目太阳能集热器面积较大，如果按照常规的设计，储水池容积取 $25\sim100\text{L/m}^2$，集热水箱容积较大。若设置一个集热水箱，当太阳辐照不足时，集热水箱温升小，不足以加热供暖回水。

结合负荷计算分析，对蓄/集热比进行了优化设计，最终本项目东片区太阳能光热系统配置 1 个 50m^3 非承压式集热水箱和 1 个 800m^3 非承压蓄热水池，西片区太阳能光热系统配置 2 个 50m^3 非承压式集热水箱和 1 个 1200m^3 非承压蓄热水池。集热水箱的保温材料均为 50mm 厚的聚氨酯发泡预制板，外做不锈钢保护层，蓄热水池底下方设陶粒混凝土保温层，厚度 300mm；除池底外的其他各方向均采用 60mm 的挤塑聚苯板保温层，设置于防水层以里贴敷在水池的结构主体上，设置集热水箱与地下储热水池串联连接。该做法的优点是当太阳辐照不足时，太阳能集热系加热小集热水箱，使其温度升高来加热供暖回水；当太阳辐照充足时，水温达到设计温度时则将高温热水储存在地下蓄热水池里或者直接给锅炉系统换热供暖，这样不仅充分利用了太阳能，而且可以避免储水池温度过高。

4. 技术 4：大型太阳能集热器集中布置连管水力平衡优化设计

本项目共安装了 796 组横双排全玻璃真空管太阳能集热器，每组集热器双排 25 根全玻璃真空管，安装规模大且布置在项目场地斜坡上，场地高差较大，如何连接集热器对太阳集热系统的排空、水力平衡和减少阻力都起着重要作用，尤其对本项目采用的是横装非承压式全玻璃真空管太阳能集热器，对管路压力控制要求比较高，需要解决大型太阳能集热器集中布置连管水力平衡这一技术难题。

横装非承压式，它的结构如同一个拉长的暖瓶胆，内外层之间为真空。在内玻璃管的

表面上利用特种工艺涂有光谱选择性吸收涂层,用来最大限度地吸收太阳辐射能。经阳光照射,光子撞击涂层,太阳能转化成热能,把热量储存在热水箱里。太阳能热水器中热水的升温情况与外界温度关系不大,主要取决于光照,这种方式造价相对较低,性价比较高,比较适合用于大型太阳能集热系统。

本项目集热器的连接方式采用了串并联组合,集热器组并联时,各组并联的集热器数相同,这样有利于各组集热器流量的均衡,通过以上方式连接起来的集热器称之为集热器组。对于每组并联的集热器组,集热器的数量不超过 10 组,否则始末端的集热器流量过大,而中间的集热器流量很小,造成系统效率下降。为保证各集热器组的水力平衡,本项目各集热器组之间的连接采用同程连接。当不得不采用异程连接时,在每个集热器组的支路上增加平衡阀来调节流量平衡,避免底部集热器个别出现超压爆管。

5. 技术 5:恶劣条件下大型集中集热器支架固定方式优化设计

针对乌兰察布地区多风的气候特点,常规集热器的角钢支架无法满足需求,配合结构专业,本项目经基本组合轴力、基本组合剪力、柱底力分布、截面应力比等力学荷载计算分析优化,最终采用在场地斜坡面上浇筑混凝土支柱＋H 型槽钢来固定太阳能支架,解决了在乌兰察布地区恶劣条件下大面积太阳能集热器支架倒塌问题。

6. 技术 6:集热器安装定位优化设计

太阳能集热器定位非常重要,直接影响到系统的得热量。在确定太阳集热器的定位时,需考虑集热器倾角和方位对太阳辐射能量收集的影响;获得最大年太阳能量。太阳集热器在不同安装倾角和安装方位角条件下太阳能量收集是不同的,太阳集热器宜在朝向正南,或南偏东、偏西 40°的朝向范围内设置;受条件限制集热器不能按上述朝向范围设置时,也可以加大南偏东、偏西的角度或完全偏向东、西向设置,合理增加集热器面积,但应进行经济效益分析。太阳集热器的倾角可选择在当地纬度 ±10°的范围内;当受条件限制,需要取超出此范围的倾角时,也可合理增加集热器面积。

结合本项目地理位置、太阳能辐照情况、场地条件及集热器规模等特点,最终确定利用场地周边地形优势,将太阳能集热器集中布置在自然斜坡上,整体集热器安装倾角为 13°,既充分利用了闲置场地,又便于后期维护维修。

7. 技术 7:太阳能与燃煤锅炉复合供暖系统运行策略优化与控制技术

本工程设有 DDC 控制系统,并预留接口可与集中锅炉房控制系统进行数据交换。图 3 为太阳能与燃煤锅炉复合供暖系统控制原理图。

(1) 太阳能集热系统控制

① 温差循环。当集热器顶部温度与水箱温度之差 $T_1 - T_2 \geqslant 5℃$ 时,集热循环泵打开,进行循环,当集热器顶部温度与水箱温度之差 $T_1 - T_2 \leqslant 2℃$ 时,集热循环泵关闭,停止循环(温度设定值可调)。

② 补水系统。在供暖季或初期系统上水阶段,阀门 V1 手动关闭,V2 处于自控状态,集热水箱补水来自锅炉房的软化水箱。剩余阶段阀门 V1 开启,阀门 V2 处于关闭状态,集热水箱的补水来自自来水管。集热水箱补水采用最低水位补水。当任一水箱水位小于 30％时,集热水箱补水泵打开,自动补水(水位设定值可调);到达水箱的最高水位时,补水泵关闭,停止补水。水箱水满后系统自动转入温差循环(温度设定值可调)。当液位过高或过低时,发出溢流和低位报警信号。

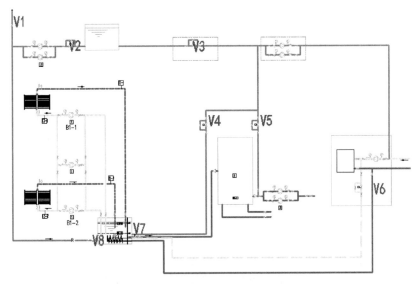

图 3　太阳能与燃煤锅炉复合供暖系统控制原理图

③ 防冻。当管道温度 $T_3 \leqslant 10℃$ 时，集热循环泵启动；当 $T_3 \geqslant 15℃$ 时，集热循环泵停止，使管道始终保持在一定温度以上，以防管道被冻（温度设定值可调）；另一方面若集热水箱温度 $T_2 \leqslant 10℃$ 时，则阀门 V6 打开利用锅炉房高温热水通过盘管为集热水箱内水体加热，待其温度回升至 15℃ 以上，阀门 V6 关闭。

④ 防过热。集热器的高温断续循环：当集热器温度 $T_1 \geqslant 90℃$，且仅高于水箱温度2～10℃（即 $2℃ \leqslant T_1 - T_2 \leqslant 10℃$）范围内时，集热器循环泵每循环 10min，停 20min（防空晒炸管）。当集热器温度 $T_1 \geqslant 95℃$ 或长时间没有热水负荷时，应采用遮阳布将集热器进行遮盖，以防系统过热。

（2）蓄热水池控制

① 当任一集热水箱水温 $T_2 \geqslant 55℃$ 时，相应集热水箱与蓄水池连接管上的电磁阀打开，集热水箱向蓄热水池充水，水位下降至最低水位时电磁阀关闭。

② 蓄热水池设置一体化的超声波液位仪。分辨率 2mm，测量范围 0～10m，防护等级不低于 IP67，测量盲区不大于 0.5m，带一体化显示装置和遮阳罩，散射角不大于 5.5°，具有固定目标抑制功能，具有自动温度补偿功能。

③ 蓄水池监控系统可以对液位仪进行上限、报警、下线等限值的设定。报警水位为高出最高水位 50mm，蓄水池的最低水位为 50mm。

（3）常规锅炉房补热水控制

① 当集热水箱水温 T_2 大于 30℃（此值可调）时，阀门 V3、V5 关闭，V4 打开，补水泵从集热水箱取水；当 $T_2 \leqslant 30℃$ 时 V4 关闭，V3 打开，补水泵直接从锅炉房软化水箱取水。

② 供暖季初期上水时，阀门 V3、V4 关闭，V5 打开，补水泵从蓄热水池取水给常规锅炉补水。

（4）供暖控制

当供暖季初期或行将结束时，若集热水箱水温 T_2 大于 55℃ 时（且市政热水回水温度低于 45℃时),阀门 V6 打开,由集热水箱加热部分市政供暖回水向系统供热。

本项目采用了 7 项关键技术,技术特色鲜明,各项技术针对项目规模大、系统复杂、功能多样等特点,解决了大型太阳能跨季节复合供暖系统设计过程中的负荷匹配、储热水箱蓄集热比优化、集热器集中布置连管水力平衡、大型集中集热器支架固定、集热器安装角度定位及集热器防冻防过热等技术难题,并通过供暖系统运行策略优化与控制技术,实现了系统安全、高效、稳定运行,取得了较好的经济效益。经计算,该项目满负荷投入运行后,全年太阳能光热系统常规能源替代量为 868.3t 标准煤,折合 CO_2 减排量为 2144.7t/a,SO_2 减排量为 17.4t/a,烟尘减排量为 8.7t/a。

三、综合效益

(1)本项目实施后,国家太阳能热水器质量监督检验中心对该项目连续工况监测后,得出本系统供暖季集热系统效率 45.1%,全年常规能源替代量 868.3t 标准煤,折合二氧化碳年减排量 2144.7t,二氧化硫年减排量 17.4t,烟尘年减排量 8.7t,环境效益十分明显。经计算,该项目每年可节约费用为 119.0 万元,静态投资回收期为 7.5 年。

(2)本项目实施效果明显,有利于促进当地建筑用能结构调整,让可再生能源惠及民众。随着乌兰察布城镇化的加快和人民生活水平提高,建筑用能迅速增加。利用太阳能光热技术辅助热力锅炉供暖,并在非供暖季提供生活热水,是解决建筑用能最经济合理的选择,可以有效减少常规化石能源消费,降低 CO_2、SO_2、NO_x 及烟气等污染气体的排放,对于促进建筑用能结构调整具有重要意义。

(3)本项目是目前北方地区乃至全国最大规模的集中式太阳能光热供暖系统,作为乌兰察布市可再生能源应用示范城市重点项目,已经通过国家级能效测评机构测评验收,也是目前最大的太阳能与常规能源耦合系统,对目前北方地区清洁供暖具有着积极示范作用。

(4)本项目是国家"十二五"重点研发课题《建筑复合能源系统集成优化设计成套应用技术研究》的一个成果转化,并被列为重点示范工程,此成果获得了 2016 年"华夏建设科学技术奖"和第 4 届"全国建筑环境与能源应用工程专业青年设计师设计大赛"第一名。

湖南省电力调度通信楼暖通系统设计

- 建设地点： 湖南省长沙市天心区电力科技园
- 设计时间： 2012 年 4 月—11 月
- 竣工时间： 2018 年 11 月
- 设计单位： 中南建筑设计院股份有限公司
- 主要设计人：张亚男　李玲玲　严　阵
- 本文执笔人：张亚男

作者简介：

张亚男，女，硕士研究生，高级工程师，现任中南建筑设计院股份有限公司第二机电院暖通副总工程师。主要代表性工程有：建设银行武汉灾备中心，遵义东站站房，泛海国际中心，华为武汉研发生产项目（一期），湖北鄂州民用机场转运中心工程，陕西省政务和公安大数据中心项目，中南科研设计中心等。

一、工程概况

湖南省电力公司调度通信楼位于湖南省长沙市，由 1 栋 23 层的主楼、1 栋 12 层的附楼和 2 层的裙房构成，其中主楼主要功能为行政办公，附楼为信息、通信、自动化数据机房及其配套的辅助用房，裙房为多功能会议中心。总建筑面积约 9.8 万 m²，建筑高度 99.3m。本项目设有 A、B 级数据机房共 9 个，其中 A 级机柜 1310 个，B 级机柜 370 个，单机柜功率约 4kW。项目外景见图 1。

本项目空调总冷负荷为 18189kW（含数据机房），空调热负荷为 6866kW；空调冷负荷指标为 185.6W/m²，空调热负荷指标为 66.3W/m²。空调系统总造价约 9000 万元（含数据机房空调）。

图 1　项目外景照片

二、暖通空调系统设计要求

电力调度是为了保证电网安全稳定运行、对外可靠供电、各类电力生产工作有序进行而采用的一种有效的管理手段。数据机房是电力调度通信楼的核心，为满足工艺要求，确保其安全可靠的运行环境，是空调系统设计的重点。

数据机房空调系统不仅要满足室内温湿度及控制精度需求，还要求空调制冷系统的可靠性及持续性，必须保证全天 24h、一年 365 天不间断供冷。行政办公用房设置舒适性空调，夏季供冷、冬季供暖，过渡季节不运行。由于数据机房空调系统和行政办公用房空调系统的设计参数、负荷特性、运行时间、可靠性要求均不相同，因此空调系统分开独立设置。数据机房及其配套设备用房设置工艺性集中冷源空调系统（简称机房空调系统），业务办公用房等设置舒适性集中冷热源空调系统（简称办公空调系统）。

三、空调系统设计

1. 空调负荷

采用专业负荷计算软件进行计算，机房空调系统：夏季空调逐时逐项冷负荷综合最大值 8438.8kW，其中新风冷负荷为 406.5kW，新风热负荷为 368kW；办公空调系统：夏季空调逐时逐项冷负荷综合最大值 9750kW，冬季空调热负荷最大值 6498kW。

2. 机房空调系统

（1）机房空调系统室内设计参数（见表 1）

机房空调系统室内设计参数 表 1

	温度（℃）	相对湿度（%）	最小新风量	房间正压（Pa）
数据机房（冷通道）	18±2	30～80	0.8h^{-1}和 40m³/（人·h）两者取大值	5～10
数据机房（热通道）	29±2	30～80		5～10
UPS 间	≤28	—		—
电池室	≤25	—		−5～0
高低压配电房	≤30	—		—
接入间	≤28	—		—

（2）空调冷热源

空调系统采用集中供冷的水-空气系统，地下 2 层制冷站内设置 5 台 2200kW 离心式冷水机组，其中 4 台运行，1 台备用；设置 5 台板式换热器（4 用 1 备），换热量与冷水机组匹配，在冬季环境温度低时采用自然冷却方式提供冷量。为保证数据机房空调新风除湿效果，冷水机组按冷水供回水温度 7℃/12℃，冷却水供回水温度 32℃/37℃选型，实际运行时可根据情况提高冷水机组出水温度，以提高冷水机组 COP，减少空调系统运行能耗。

（3）空调水系统

空调水系统采用一级泵变流量系统。板式换热器与冷水机组串联，每台冷水机组与冷水泵、冷却水泵、冷却塔、板式换热器——对应配置，形成一个制冷单元模块，过渡季节通过阀门控制和转换可实现"预冷却"功能，冷水先经过冷却水预冷后再进入蒸发器，承担部分冷负荷，最大限度地利用自然冷源。水系统采用高位膨胀水箱定压，水箱设在附楼屋面。

冷水管道设计成环路，保证管道系统及部件均可以实现在线维修。机房空调系统原理图见图 2。

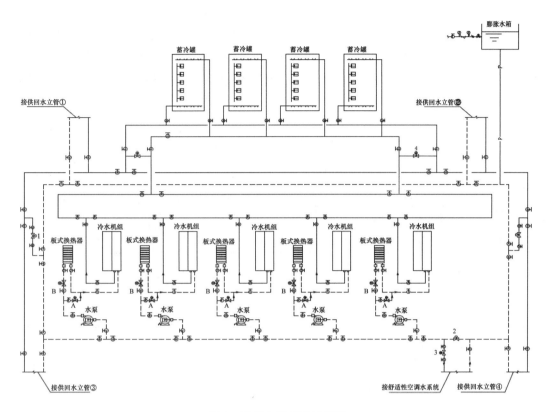

图 2　机房空调系统原理图

在不同运行工况下，冷水机组、水泵和各电动阀门的运行策略见表 2。

机房空调系统不同工况运行策略　　　　　　　　表 2

	冷水机组	水泵	阀门 A	阀门 B	阀门 1	阀门 2	阀门 3	阀门 4
夏季供冷	开	开	开	关	调	开	关	关
过渡季供冷	开	开	关	开	调	开	关	关
冬季供冷	关	开	关	开	调	调	开	关
UPS 供冷	关	开	开	关	调	开	关	关

注：阀门 4 常闭，仅蓄冷罐维修时开启。

（4）空调末端

数据机房需要稳定的温湿度以保证 IT 设备可靠运行，机房专用空调可将机房温度误差控制在 ±1℃ 范围内，相对湿度控制在 ±10% 范围内。数据机房采用机房专用空调机组（下出风顶回风）冷通道封闭的形式，机房专用空调机组设置在机房空调间内，沿垂直机架方向布置，空调冷风送至架空地板下方静压箱，经冷通道内地板送风口向冷通道内输送冷空气，冷空气给机柜降温后形成的热空气经热通道回至机房专用空调机组。冷通道封闭可减少冷热气流混合，减少冷量损失。每台机房专用空调内均设有加湿器，加湿量为 5kg/h。

高低压配电房、UPS 间等用房的机房专用空调直接设置在房间内，机房专用空调机组顶出风侧回风。测试间、接入间、电池间等用房采用风机盘管供冷，为避免水管进入房间，风机盘管布置在走道内，送回风口接至房间侧墙。

数据机房每个机房模块设置一个新风机房，新风机组设粗、中效过滤器，保证每升空气中粒径 $\geq 0.5 \mu m$ 的尘粒数少于 18000 粒。新风量取保证人员最小新风量［40 m^3/（人·h）］和保证机房内最小正压要求（0.8 h^{-1} 换气量）二者的较大值。新风机组将室外新风处理到室内露点温度以上送至室内。

3. 办公空调系统

（1）办公空调系统室内设计参数（见表 3）

表 3

办公空调系统室内设计参数

房间名称	夏季空调		冬季空调		新风量	A 声级噪声
	温度（℃）	相对湿度（%）	温度（℃）	相对湿度（%）	［m^3/（人·h）］	（dB）
办公室	26	≤65	20	—	30	≤40
会议室	26	≤65	18	—	20	≤45
指挥调度大厅	26	≤65	20	—	30	≤45
门厅	27	≤65	18	—	10	≤50

（2）空调冷热源

办公空调系统冷源采用 3 台制冷量为 3690kW 的离心式冷水机组和 3 台制冷量为 790kW 的螺杆式水源热泵机组（制热量为 860kW），夏季为空调末端提供 7℃/12℃的空调冷水。

冬季空调热源采用 3 台螺杆式水源热泵机组，回收数据机房的排热，制备 55℃/50℃热水；水源热泵机组供热量不足的部分由电锅炉蓄热系统提供，本项目设计时湖南省为实施分时电价政策作调研准备工作，因此本项目作为试点工程，采用电锅炉全蓄热系统为制定政策提供基础资料，电锅炉全蓄热系统经板式换热器换热后提供 55℃/50℃热水，与水源热泵机组共同为空调末端提供空调热水。锅炉在夜间用电低谷时段工作蓄热，蓄热温度 90℃，蓄热量 29000kW·h，白天空调系统运行时锅炉不工作，完全由蓄热系统供热，实现用电量由高峰向低谷转移。

（3）空调水系统

空调水系统采用一级泵两管制变流量系统，空调冷水泵和热水泵分开设置。水系统采用高位膨胀水箱定压。

（4）空调末端

裙房多功能厅、会议室采用变风量空调系统，采用大风量变频空调机组＋低速风道系统＋单风道型变风量末端，采用温控线型风口平顶下送风，集中回风。办公用房采用风机盘管＋新风系统。电力调度指挥中心、应急指挥大厅等设置两套空调系统，一套采用全空气空调系统，组合式空调器接入舒适性空调水系统，另一套采用变频多联机空调系统，以保证这些需要 24h 值守的重要房间的夜间和过渡季节空调。

（5）通风及防排烟系统

各设备用房如制冷机房、变配电所、水泵房等房间按防火分区设置机械通风系统，换气次数见表 4。

房间	换气次数
设有气体消防房间	$5h^{-1}$（气体消防事后排风）
电池室	$1h^{-1}$（平时）；$12h^{-1}$（事故）
气体消防钢瓶间	$5h^{-1}$
地下车库	$6h^{-1}$
水泵房	$5h^{-1}$
制冷站	$6h^{-1}$（平时）；$12h^{-1}$（事故）
卫生间	$12h^{-1}$
档案室	$1h^{-1}$

本项目设计时间为2012年，根据当时现行的GB 50045—95《高层民用建筑设计防火规范》（2005年版）设计防排烟系统。

四、控制系统

本项目空调系统控制采用中央能源管理控制系统，以集容错控制、优化运行和能效审计功能"三位一体"的冷热源群控系统。整个空调系统都能够实现全自动控制，并能够在操作室实现集中监控与管理。每台机组需配机组通信模块及能提供开放的标准协议，机组中显示的各项参数提供给中央能源管理控制系统的配套设备、软件及接口等，保证机组以及系统的顺利运行。如温度的自动控制、水量的自动调节、设备的程序启停、机组开启台数的自动控制，设备过载警报的自动接收，备用设备自动切换运行等。按管理者的需求，自动形成各种设备运行参数报表，或随时变更设备运行参数（如启停时间、控制参数等）。

中央能源管理控制系统在实现各种机电设备的自动控制和管理满足建筑物内的冷负荷需求的情况下，使冷源系统中设备能量消耗最少，并使其得到安全运行及便于维护管理。

五、工程主要创新及特点

1. 机房空调系统可靠性

A级数据中心的基础设施按容错系统配置，基础设施在一次意外事故后或单系统设备维护或检修时仍能保证电子信息系统正常运行。为保证A级机房的安全运行，机房空调系统也需满足相应的可靠性等级，本项目采用多种措施保证机房空调系统的可靠性。

（1）空调设备冗余设置：冷水机组及其配套的板式换热器、水泵冗余按4＋1台配置。机房专用空调机组冗余按每个模块机房N＋2台配置，即冗余2台；变配电房、UPS间的机房专用空调机组按N＋1台配置，即冗余1台。保证任何1台机组发生故障都能有备用空调替代，同时合理分配每台机房空调的运行时间。

（2）设置机房应急供冷系统：蓄冷系统采用水蓄冷方式，相较冰蓄冷方式不仅经济且更加安全可靠。本项目设置 4 台成品闭式蓄冷水罐，蓄冷温度 7℃，总容积为 224m³。在市电断电到柴油发电机组启动，可利用水蓄冷系统和 UPS 供电，整个机房空调系统正常运行 15min，以保证机房服务器温度不升高。

（3）空调水系统设计成环路，在每个分支管两侧的空调水干管上均设置球阀，将管道分成若干段，当任一段管路断开时空调末端都可由干管的另一侧供水，保证管道系统及部件均可以实现在线维修。

（4）进入机房的水管均采用焊接连接，减少漏水隐患。所有机房专用空调机组周围均设置挡水围堰，围堰内设排水地漏，以便迅速排出水患。

2. 机房空调系统节能性

数据机房能耗巨大，空调系统能耗一般占到数据机房能耗的三分之一，降低空调系统能耗是提高数据机房能效的关键。本项目采用了自然冷却技术和余热回收技术降低空调系统运行能耗。

（1）自然冷却技术

在过渡季和冬季通过利用免费冷源来降低数据中心的空调能耗是一种简单有效的方法。本项目板式换热器串联在冷水和冷却水系统中，免费供冷时间比板式换热器并联在冷水和冷却水系统中时的免费供冷时间长，可充分利用自然冷源。过渡季节部分自然冷却时，冷却水和冷水先经过板式换热器，再经过冷水机组，充分利用冷却塔的冷却能力，减少冷水机组功耗；冬季室外湿球温度低于 5℃时，可以关闭制冷机组，冷却塔提供的冷却水经板式换热器换热后直接供给机房空调末端，完全自然冷却。这样减少了开启冷机的时间，减少大量能源消耗，起到良好的节能效果。

（2）机房余热回收

由于数据中心全年不间断运行并且产生大量的热量，采用螺杆式水源热泵机组回收数据机房的余热为舒适性空调系统提供稳定的免费热源。夏季螺杆式水源热泵机组冷凝器接冷却水，蒸发器接舒适性空调末端，为舒适性空调系统供冷；冬季通过电动蝶阀切换，将水源热泵机组蒸发器接数据机房空调冷水，冷凝器接舒适性空调末端，回收数据机房的热量产生 55℃/50℃热水为舒适性空调供热。这样不仅节省了运行费用，还减少了冷水机组运行过程中排放的大量余热，降低了对环境的热污染，另一方面减少了一次能源消耗，更进一步降低了碳排放对环境造成的危害。

六、运行分析

本项目运行 4 年多时间，各数据机房内的温度、湿度均满足设计要求。图 3 为本项目 2021 年 1～12 月数据机房耗电量统计，实际运行机柜负荷约 1930～2150kW，约占设计负荷的 25%～31%，根据图 3 计算分析得出，本项目的实际月平均 PUE 为 1.25～1.61，全年综合 PUE 为 1.41，数据机房全年综合 PUE<1.5，达到了数据机房当时的设计目标。

本项目在运行第 3 年时机柜负荷只有设计工况的 31%，数据机房运行初期机柜上柜率较低，因此负荷最高峰月份仅开启 2 台冷水机组，其余时间仅开启 1 台运行。针对这一类

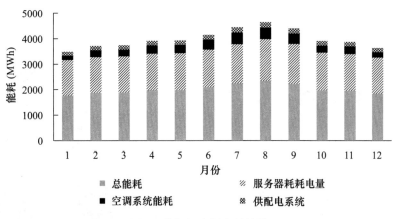

图 3　数据机房耗电量统计

情况，建议设计之初可以考虑冷水机组大小搭配，小的冷水机组选择变频机组，这样在机房初期低负载率的情况下，可以保证空调系统高效节能运行。

九寨鲁能希尔顿酒店空调设计

- 建设地点： 四川省阿坝州九寨沟县
- 设计时间： 2014 年 7 月—11 月
- 竣工时间： 2016 年 11 月
- 设计单位： 中国建筑西南设计研究院有限公司
- 主要设计人：倪先茂　林佳佳　李 权
　　　　　　　杜燕鸿　文 玲　张鹏程
- 本文执笔人：林佳佳　倪先茂

作者简介：

林佳佳，高级工程师，就职于中国建筑西南设计研究院有限公司。代表作品：九寨鲁能中查沟项目希尔顿酒店建筑扩初及施工图设计、四川省儿童医院、成都市独角兽岛园区一五六批次、天府国际健康服务中心、成都天府国际机场航站区工程设计（航站楼）。

一、工程概况

九寨鲁能希尔顿酒店位于九寨沟漳扎镇中查沟沟口，距离九寨沟沟口 11km，总建筑面积约 6 万 m²，楼层不超过 6 层，主要包括酒店公共区、团客区、散客区、行政区、SPA区 5 个组团，见图 1。

图 1　酒店总图

本工程空调采用热源集中、冷源分散设置的方式。酒店的供暖、空调及通风热负荷为5868kW，单位建筑面积热指标为98W/m²。公共区和团客区冷源合设，采用空气源热泵，其逐时计算空调冷负荷综合最大值为1600kW，单位建筑面积冷指标为38W/m²；SPA区冷源独立设置空气源热泵，空调冷负荷为102kW，单位建筑面积冷指标为33W/m²；散客区和行政区按客房楼栋设置多联机空调，单位建筑面积冷指标为41W/m²。

二、暖通空调系统设计要求

1. 设计前置条件

九寨沟地区夏季凉爽，冬季"冻人"，过渡季节早晚温差大。夏季制冷时间短暂，冬季供热时间则长达8个月。

本酒店不同于城市五星级酒店，本酒店的建筑容积率低，单栋建筑体量小，各个组团散布在长约600m，宽约200m，高差44m的山间。公区和团客区集中在低处，SPA区设置在地块高处，中间散落着散客区和行政区的各栋客房。

2. 希尔顿酒店功能要求

希尔顿酒店管理公司要求除满足希尔顿酒店机电标准外，冬季旅游淡季时不使用的散客区和行政区需关闭，需要重点考虑其防冻保护措施。

3. 设计原则

本项目的设计原则为充分利用九寨沟的气候条件，结合当地的能源条件和项目地理现状，符合希尔顿酒店管理公司的诉求，因地制宜设置空调冷热源及系统，既要满足酒店舒适性温湿度要求，又要满足上述运营要求，并兼顾节能运行。

三、暖通空调系统方案

1. 空调冷热源

根据总图特点、气候特征、能源供给状况等方面，设计阶段对酒店适合采用的几种空调系统形式进行了比较，经过与业主和酒店管理公司的多次沟通讨论，确定以下空调冷热源形式。

公共区和团客区相对集中，考虑合并设置独立的空气源热泵机组提供其冷源。SPA区单独位于海拔最高处，亦设置独立的空气源热泵机组。中间的散客区和行政区按栋设置可根据游客数量灵活启闭的多联机空调提供冷源，并可在冬季作为辅助热源保障空调效果。

本项目无市政热源条件，从节约用地、减少泄爆面和方便运营维护等方面考虑，设置集中热源，提供整个项目的供暖、空调、通风及生活热水热负荷需求。

公共区的4台空气源热泵均具有制热功能，其中2台作为过渡季节的热源，另外2台作为公共区生活热水预热的热源。在室外条件足够情况下，代替锅炉运行，从而减少运行费用。同样，SPA区的3台空气源热泵可在非制冷时段作为SPA区空调热水备用热源。

为提高酒店空调、供暖系统保障度，在冷热源装机的冗余度及备用能源方面，考虑其中任意一台主机故障时，剩下的主机可满足75%空调设计负荷和100%生活热水负荷的需求，同时为锅炉配设埋地储油罐作为备用能源。

2. 空调水系统设计

虽然希尔顿五星级酒店标准要求空调水系统采用四管制，但本项目基于九寨的特殊气候条件以及团客区客房均外区布置的特点，经与业主和酒管公司协商确定，团客区和后勤区采用两管制，公共区采用四管制。空调冷水系统采用一级泵负荷侧变流量、主机侧定流量系统，空调热水采用一级泵定流量运行；空调二级泵均采用变频泵，可根据实时负荷需求调节系统循环水量，减少水系统输配能耗。

空调热水一次水分别供到公共区换热站和 SPA 区换热机房。公共区换热机房内通过热水机房一次热媒水换出公共区的生活热水、公共区及团客区的空调热水、散客区和行政区冬季运行区域的供暖热水。另一路接至 SPA 区换热机房的一次热媒水，换出 SPA 区域的生活热水、SPA 区的空调热水、散客区和行政区冬季不运行区域的供暖热水。图 2 为酒店热源换热示意图。

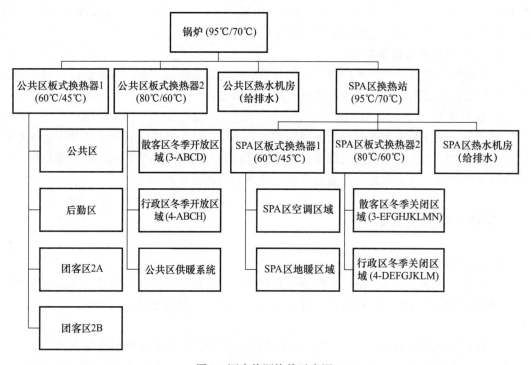

图 2　酒店热源换热示意图

3. 空调末端系统设计

大堂、宴会厅等高大空间采用全空气系统，客房、棋牌等采用风机盘管加新风系统。空调、新风机组设粗、中效过滤器及高压微雾加湿器；团客区的客房新风采用新风热回收机组；散客区和行政区客房每户设置多联室内机，每层设置新风换气机。

4. 供暖设计

由于大堂周边采用玻璃幕墙和 SPA 区有高舒适性要求，酒店大堂、桑拿区等区域采用低温热水地面辐射供暖系统。客房、车库和部分有水设备用房等设置散热器。

四、通风防排烟系统

1. 通风系统

充分利用九寨沟的气象条件，通过优化自然通风或机械通风设计来提高换气效率，改善室内环境。地下室车库设置 CO 探测器，连锁风机启闭，保证车库空气品质的同时节约运行费用。宴会厅、大型多功能厅和内区房间设置变频排风机，配合新风量变化，保持室内微正压。主要用水房间、厨房送风系统增设加热盘管，防止冬季管道冻裂。

2. 防排烟系统

不满足自然通风条件的封闭楼梯间设置机械加压送风系统。地上房间尽量利用可开启外窗自然排烟，不具备可开启外窗条件的房间设置机械排烟系统。其他防排烟系统按规范设置。

五、控制（节能运行）系统

空调、通风系统采用全面的检测与监控，其自控系统作为控制子系统纳入楼宇控制系统，包括主要暖通设备的各项检测、启停机、负荷调节及工况转换、设备的自动保护、故障诊断等。具体控制要求如下：

（1）冷、热源侧。对主机、水泵进行群控集中管理。包括设备连锁启停、根据冷量进行主机运行台数控制、水泵的台数控制。冷热水机组可利用机组自带的自控系统，根据回水温度进行能量调节。

（2）空调机组。在过渡季节有条件时可全新风运行。宴会厅等大空间可根据 CO_2 体积分数或室内外焓值的比较控制新回风混合比，调节新风阀、回风阀开度。

（3）新风机组。根据送风温度的变化自动调节两通阀的开启度，根据送风湿度与设定值的偏差控制加湿器水阀开闭。

（4）风机盘管。设风速三挡开关，回水管上设双位电动两通阀，由室内温控器控制其开闭。

（5）通风系统控制。汽车库设置一氧化碳浓度监测，对通风量进行实时调节；宴会厅、多功能厅、内区房间等设置变频排风机，匹配不同空调新风量，最大程度节能运行。

六、工程主要创新及特点

1. 因地制宜，优化空调冷热源配置

该酒店定位五星级标准，空调冷热源要求具有较高的保障度，同时需要兼顾节能运行。当地夏季需制冷的时间很短，冬季制热时间较长，且昼夜温差大，因此按照热源统一考虑，冷源分散设置。

由于当地油气价格较高，过渡季节空气源热泵制热成本远低于锅炉制热成本，因此充分利用空气源热泵的制热功能，在过渡季节同时提供空调热源及酒店生活热水预热热源，节省运行费用。

2. 合理划分水系统环路，兼顾运营管理和防冻需求

根据九寨沟当地气候特色和历年来游客情况分析，冬季处于旅游淡季时，酒店入住率低。按照运营管理的要求，客房冬季分为运行区和非运行区，出于运行成本考虑，冬季时段，非运行区需关闭。为此，按照冬季运行或者关闭的区域分别设置供暖水系统环路，冬季不运行区域有防冻需求时按值班供暖模式运行。同时采取以下措施进行防冻：大堂入口设门斗和旋转门，车库入口设热风幕，车库设散热器，新风入口处设保温密闭阀等。

3. 为了维护管理方便，室外管道采用综合管沟和直埋敷设结合的方式

由于本项目各组团间最大高差达到 44m，各区域呈分散式布置，故室外管道敷设显得尤为重要，从易于管理、减少热损耗方面考虑，采用了综合管沟敷设和直埋敷设结合的方式。室外供暖主管和给排水主管合并考虑，采用通行地沟双侧布管的方式敷设，并在沿途设置检修井、人孔等；各楼栋的支管由综合管沟接出后，采用钢管、保温层、护管结合成一体的预制直埋保温管接至各楼栋的热力入口装置处，直埋深度在冻土层以下。

4. 结合当地气候条件采取适宜节能技术，着力降低运行费用

充分利用九寨沟的气象条件，利用自然通风或机械通风能带走一部分室内热量。项目中的全空气系统均可全新风运行，当室外条件适合时优先采用全新风运行。

团客区设有竖向集中新、排风系统，屋顶机房内设置新风热回收机组，冬季对新风进行预热，以减少新风处理能耗。散客区及行政区客房，每层单独设置热回收型新风换气机，新风百叶设置于 1 层，排风百叶设置于顶层。

5. 精准修正末端选型，配合室内装饰采取多种技术措施，达到室内舒适度和美观的统一

针对项目海拔 2200m 以上、冬季室外气温−10℃左右的特点，校核空气源热泵的实际供热能力；校核风机盘管在不同水温和流量下的热处理能力；校核水泵、风机等的轴功率，选择合适的电动机；针对九寨沟水质硬度高的情况，增加软化水处理措施。

为了配合酒店的藏式装修风格，同时满足五星级酒店对室内温湿度的高要求，根据不同位置需求采用对应的空调末端设计。团客区采用两管制风机盘管加新风系统，大堂等大空间采用四管制空调机组加地板辐射供暖。散客区和行政区客房采用多联机空调系统，冬季采用窗边散热器，隐藏在装饰用壁炉下，既能提供热量，又与周围环境浑然一体，做到美观大方又颇具地方特色。

为保证室内空气品质，新风机组、空调机组均配有粗、中效过滤器及紫外线盘管杀菌装置。为提高冬季热舒适度，新风机组、空调机组内设置高压微雾加湿段，保证冬季室内空气的相对湿度满足人员要求。

七、项目运行情况

项目投入运行至今，根据回访和甲方反馈，系统运行正常，使用情况良好，酒店公区、客房区、后勤区等房间温度舒适，满足酒店使用要求。根据酒店不同功能区设置的不同空调冷热源方式，满足其不同时段高效运行和维护管理的要求，达到使用要求。

兰州市城市轨道交通 1 号线一期工程通风空调与供暖系统设计

作者简介：

　　乔小博，高级工程师，就职于中铁第一勘察设计院集团有限公司。主要设计代表作品：兰州市城市轨道交通 1 号线一期工程、西安市地铁 3 号线一期工程、西安市地铁 5 号线一期工程、乌鲁木齐地铁 1 号线工程。

- 建设地点： 兰州市
- 设计时间： 2012 年 7 月—2017 年 8 月
- 竣工时间： 2019 年 5 月
- 设计单位： 中铁第一勘察设计院集团有限公司
- 主要设计人： 乔小博　黄泽茂　郭永桢　邓保顺　廖　凯　王继宏　王　腾
- 本文执笔人： 乔小博　黄泽茂

一、工程概况

　　兰州市城市轨道交通 1 号线一期工程（陈官营～东岗段）（见图 1）是从西向东的一条主干轨道交通线路，东西横贯中心城区，连接城市副中心和城市核心区。线路全长 25.909km，均为地下线，共设车站 20 座，设东岗车辆段和陈官营停车场各 1 座、线网控制中心 1 座、主变电所 2 座。

图 1　兰州大学站非封闭站台门实景及地铁直接蒸发冷却机组照片

　　本工程 2014 年 3 月 28 日全线开工建设，2019 年 6 月 23 日正式开通营，是甘肃省兰州市第一条建成通车的轨道交通线路，也是国内首条全线采用直接蒸发冷却通风降温的轨道交通线路。其中陈官营站为地面车站，设置供暖系统，供暖建筑面积 2723m²，热负荷指标 123.8W/m²；全线车站采用直接蒸发冷却通风降温系统，设计冷负荷 12633.5kW，空调总建筑面积 84354m²，冷负荷指标为 149.8W/m²。全线通风空调系统投资总概算为 22413.31 万元，指标为 865.08 万元/km。

二、暖通空调系统设计要求

1. 主要设计参数确定

（1）室外计算参数

区间隧道：夏季通风室外计算干球温度 22.4℃。

地下车站公共区：夏季空调室外计算干球温度 30.1℃，湿球温度 18.0℃；夏季通风室外计算干球温度 22.4℃；冬季通风室外计算干球温度 −5.5℃。

设备和管理用房：夏季空调室外计算干球温度 31.2℃，湿球温度 20.1℃；夏季通风室外计算干球温度 26.5℃；冬季空调室外计算干球温度 −11.5℃；冬季通风室外计算干球温度 −5.3℃；冬季供暖室外计算干球温度 −9.0℃。

（2）室内设计参数

站厅、站台公共区：夏季室内空气设计温度≤29℃，相对湿度 40%～70%；冬季室内空气设计温度≥12℃。

设备和管理用房：按 GB 50157—2013《地铁设计规范》表 13.2.40 执行。

区间隧道：正常运行时隧道内温度要求夏季最热月日最高平均温度≤35℃，冬季隧道内最低温度≥5℃；阻塞运行时保证断面风速不小于 2m/s，并控制列车顶部最不利点温度低于 45℃，但隧道断面风速不得大于 11m/s。

2. 主要设计原则

（1）通风空调系统在正常运行情况下，排除车站余热和余湿，为地铁乘客创造过渡性舒适环境。

（2）通风空调系统按远期运营条件进行系统设计，系统设备容量配置充分考虑初、近、远期的运营情况。

（3）地铁针对火灾应贯彻"预防为主，防消结合"方针。一条线路、一座换乘车站及相邻区间的防火设计应按同一时间发生一起火灾考虑。

（4）按工艺设备要求和 GB 50157—2013《地铁设计规范》的相关要求对设备及管理用房设置相应空调通风系统，以便满足各种设备及管理用房不同的温度和湿度要求，保证地铁内的工作人员和运行设备有一个良好的工作环境，以确保地铁列车正常安全地运营。

（5）当地铁列车发生事故阻塞在区间隧道时，向阻塞区间提供足够的新风，保证列车空调冷凝器能正常工作，维持列车内乘客短时间内能接受的空气环境。

（6）当地铁内发生火灾时，向疏散的旅客提供迎面新风，诱导乘客安全撤离，同时迅速有效地组织排烟，防止乘客和工作人员窒息，为乘客安全撤离事故现场和灭火创造条件。

三、暖通空调系统方案比较及确定

1. 隧道通风系统方案

本工程在车站站台边缘设置了非封闭站台门，在门体上部设置高 450mm 的通长型百叶风带，使得区间隧道与车站站台公共区相连通。为此，隧道通风系统方案确定应考虑非封闭站台门对其带来的影响，即当区间隧道内发生事故而需要进行通风时，大量送风气流则会通过站台门门体上部的百叶风带泄漏至车站站台公共区，影响隧道内的气流组织。

为避免采用多台事故风机联合运转以保证区间隧道的有效通风量需求的传统方案所带来的问题（即多台风机参与通风运行影响系统响应时间（需协调确认涉及车站的设备状态）以及对电网瞬间冲击波动大等），本工程系统方案设计时考虑在车站站台端部与区间隧道相接处设置圆台型加压导流装置，并通过三维模拟分析研究圆台形加压导流装置的阻力、出口风速、出口夹角、整体长度及外形尺寸、安装方式、作用效果等，最终确定圆台型加压导流装置参数。

本工程隧道通风系统配置加压导流装置后，通过仅开启事故区间连接的车站端送风机，就可有效保证送向区间隧道的全部空气进入区间隧道，简化了隧道通风系统的设备运行方案，提高系统的可靠性。

全线隧道通风系统采用以双活塞风井为主，部分受限车站采用单活塞风井的设计原则。一般在车站两端区间通风机房内分别设置 2 台可逆转耐高温轴流风机和相应活塞/机械风阀。为保证区间机械通风效果，在站台层对应左、右线路分别设置一套加压送风喷嘴和相应的风阀。通过相关电动组合风阀的启闭转换，区间隧道通风系统可进行活塞通风或机械通风的转换。每端 2 台 TVF 风机亦可通过风阀的转换，单独或并联运行，以满足车站相邻区间隧道正常工况、阻塞工况通风或火灾工况时的排烟要求。以兰州大学站（原盘旋路站）为例，车站两端区间隧道通风系统设备配置原理示意如图 2 所示。

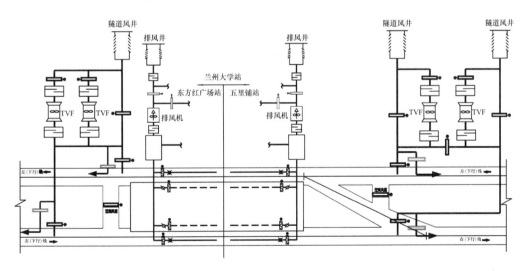

图 2　兰州大学站（原盘旋路站）两端区间隧道通风系统设备配置原理示意

2. 公共区通风空调系统方案

兰州最热月平均温度 22.4℃、年平均温度 10.2℃，地铁 1 号线车辆 6 节编组、远期高峰运行对数 30 对/h，按现行 GB 50157—2013《地铁设计规范》的规定，本工程项目地下车站站厅（台）公共区不应设置空调系统（注：规范设置空调的标准为在夏季当地最热月平均温度超过 25℃且高峰小时行车对数与编组数乘积不小于 180，或最热月平均温度超过 25℃、全年平均温度超过 15℃且高峰小时行车对数与编组数乘积不小于 120），而是应采用机械通风系统来控制室内环境温（湿）度以达到要求；同时根据 GB 50157—2013《地铁设计规范》的规定：当车站公共区夏季采用通风系统时，公共区夏季室内环境设计温度不宜高于室外空气计算温度 5℃，且不应超过 30℃。

遵照规范的相关规定而采用机械通风系统来控制室内环境温（湿）度，则存在公共区乘客的舒适性差、地铁运营服务品质较低、同时由于通风系统设备配置容量大而造成长期运营耗能巨大的实际问题。因此在本工程系统设计时，充分结合兰州较为独特的气候条件优势（夏季空气较为干燥、最热月平均温度 22.4℃、相对湿度 59.5%），利用自然气候资源——干空气能，将直接蒸发冷却技术（利用干空气与雾化的水直接接触进行热湿交换蒸发吸热来降低送风空气温度）引入本工程项目中进行设计应用（为国内地铁工程项目的首次设计应用），其空气处理过程（以盘旋路站为例）如图 3 所示。

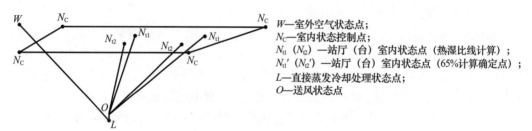

W—室外空气状态点；
N_C—室内状态控制点；
N_{t1}（N_{t2}）—站厅（台）室内状态点（热湿比线计算）；
N_{t1}'（N_{t2}'）—站厅（台）室内状态点（65%计算确定点）；
L—直接蒸发冷却处理状态点；
O—送风状态点

图 3 车站公共区直接蒸发冷却空气处理过程图

与传统机械通风系统相比，采用蒸发冷却通风降温系统的最大优势在于：① 有效控制了送入车站公共区的空气温（湿）度，送风状态点相对稳定，以一种通风的方式可达到空调的效果，室内环境舒适性高。② 有效增大送风温差（额定工况温差可达 9.3℃），减小系统设备配置容量，大幅降低系统运行期间总耗电量，节能优势明显。

车站公共区通风降温系统采用全空气双风机直流通风系统，车站两端分别设置 1 条送风道和 1 条排风道。每端送风道内分别设置 1 台过滤及静电杀菌净化装置、1 台直接蒸发冷却机组、消声器、电动组合风阀和送风机；每端排风道内设置消声器、电动组合风阀和排风机（兼做车站排烟风机）。所有通风设备分别布置在车站两端的风道内，每端系统设备各负担半个车站公共区的通风降温所需风量。全线车站站厅（台）公共区设计送风量范围为 $19.38×10^4 \sim 26.68×10^4$ m³/h（相比于纯机械通风系统降低通风量约 48%），直接蒸发冷却机组设备选型风量（送风机选型风量与其对应）分别为 $10.8×10^4$、$12.6×10^4$、$14.4×10^4$ m³/h 三种不同型号，车站的排风机选型风量对应分别为 $14.4×10^4$、$16.2×10^4$、$18.0×10^4$ m³/h（注：结合车站采用非封闭站台门须考虑排除轨道区停靠列车的空调散热的特点，以控制站台层轨道区域的余热散逸至站台公共区内，同时为避免直接蒸发冷却通风送入站内湿空气在车站公共区积聚产湿，采用加大排风量的配置方案以控制站内积聚湿量，即考虑车站的总排风量比总送风量多 $3.6\times10^4\,\mathrm{m^3/h}$，公共区的风量平衡由出入口自然渗透进行补充，具体分配比例为站厅层公共区总排风量比总风量多 5%，剩余多出的排风量均由站台层排风系统负担）。典型车站公共区的蒸发冷却通风降温系统设备配置原理示意如图 4 所示。

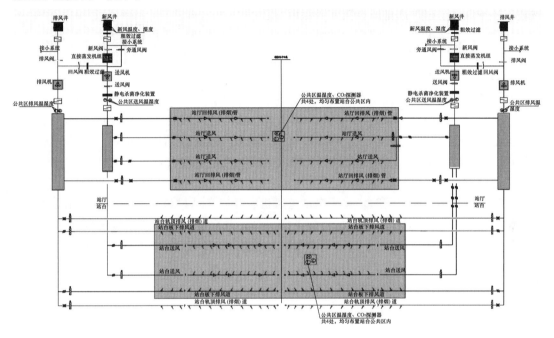

图 4　典型车站公共区蒸发冷却通风降温系统设备配置原理示意

同时通过课题研究、专项技术论证、机组设备研制等，确定了地铁工程用直接蒸发冷却机组性能参数（填料选择与结构布置、喷水方式、淋水密度、水质处理）、直接蒸发冷却通风降温温湿度控制方案、节能运行模式与控制策略等直接蒸发冷却地铁通风降温系统的一系列关键技术方案，为其设计应用奠定了基础。

四、通风防排烟系统

1. 区间隧道通风及防排烟系统

当列车因故障或其他原因而停在区间隧道内，停车时间超过 4min 时，运行相应的阻塞模式。由列车运行后方车站端的 TVF 事故风机进行送风运转，列车运行前方车站端的 TVF 事故风机进行排风运转，在区间隧道内形成与列车行驶方向一致的气流，以控制列车顶部最不利点的隧道最高平均温度不超过 $45℃$，保证阻塞列车的空调冷凝器正常工作及车内乘客的新风量要求。

当列车在区间隧道发生火灾而无法驶入前方车站被迫停在区间隧道内时，则根据列车着火时在区间隧道的位置、列车车厢火灾部位及相应的人员疏散方向等因素决定，由火灾区间一端的车站端部 TVF 事故风机向火灾区间隧道送风、另一端的车站端部 TVF 事故风机将烟气经风道、风井（亭）排至室外。火灾工况的 TVF 事故风机具体是送风还是排风，应以保证区间隧道内的气流方向总是与乘客疏散方向相反，以疏散区始终处于新风无烟区段为原则进行风机运转。

2. 车站公共区通风及防排烟系统

车站通风系统兼做排烟系统，站厅层公共区每端设置的两根排风管兼作排烟风管，站台公共区的送风管通过阀门切换兼作站台公共区排烟风管，轨顶排风系统兼作站台层及车站轨道区排烟系统，顶部排风口兼作排烟风口。

站厅层发生火灾时，关闭车站送风机、开启车站排风机（采用 100% 固定频率工频运行），关闭站台层排风管，开启站厅层排烟管排烟，形成火灾站厅层排烟、出入口自然进风的局面。乘客向出入口方向撤离。

站台层发生火灾时，关闭车站送风机、开启车站排风机（采用 100% 固定频率工频运行），关闭站厅层排烟管和站台板下排风道，开启站台送风管路转换阀、通过站台公共区排烟管路（由送风管路转换形成）和车站轨道区轨顶排风管共同进行排烟，形成火灾站台层排烟，出入口、楼梯口（向下不小于 1.5m/s 的气流速度）自然进风的局面。乘客迎着新风通过站厅—出入口向地面疏散。

车站轨道区域发生火灾时，关闭车站送风机、开启车站排风机（采用 100% 固定频率工频运行），关闭站厅层排风阀及站台板下排风阀，开启站台层轨道区域轨顶排热风道风阀，同时打开设置在车站两端的 TVF 事故风机辅助站台轨道区域排烟，形成站台轨道区排烟，出入口、楼梯口（向下不小于 1.5m/s 的气流速度）自然进风的局面。乘客迎着新风通过站厅—出入口向地面疏散。

五、控制（节能运行）系统

（1）区间通风系统、车站公共区通风降温系统由全线的中央控制、本站的车站控制和设备附近就地控制三级组成，车站设备管理用房通风空调系统由车站控制和就地控制两级组成。就地控制具有优先权。

（2）中央控制设置在控制中心，对全线车站进行监视，对区间隧道通风、空调设备进行监控。正常运行时对各车站的通风与空调系统进行必要的协调，在地铁系统发生阻塞或区间隧道发生火灾时，向车站下达各种运行模式指令或执行预定运行模式，统一控制全线区间隧道的通风、空调设备运行。

（3）车站控制设在车站控制室内，对本站和相邻的区间隧道通风空调设备进行监控。根据车站内部及室外空气状态控制通风空调系统的运行方式，对车站和所辖区域的各种通风空调设备进行监控，向中央控制传送各种信息及系统设备控制状况，并执行中央控制下达的各项命令。车站发生火灾时，调动本站及管辖区间相应设备对火灾区域进行防排烟操作。

（4）车站公共区直接蒸发冷却降温系统与车站 BAS 系统配合，进行节能运行控制。对应每台蒸发冷却机组设置一套独立的机组节能运行控制柜，通过接收来自于车站 BAS 系统监测采集的车站站厅及站台公共区环境温湿度数据，与机组控制柜内自行监测的机组进出风参数进行运算比较分析，控制循环水泵启停及支路电动阀门开关、并向车站 BAS 系统发出车站送（排）风机需要运转的频率指令，进行系统机械通风/蒸发冷却通风模式切换控制和变频运行控制，实现系统的节能运行，控制策略如表 1 所示。

直接蒸发冷却通风降温系统节能运行控制策略 表 1

	时间	运行工况	风机风量 （m^3/s）	循环水泵	备注
初期	早高峰前	五	18/21	停止	通风方式
	早高峰	三	24/28	开启	通风降温方式
	早晚高峰间	四	21/24.5		
	晚高峰	三	24/28		
	晚高峰后	五	18/21		
近期	早高峰前	四	21/24.5	停止	通风方式
	早高峰	二	27/31.5	开启	通风降温方式
	早晚高峰间	三	24/28		
	晚高峰	二	27/31.5		
	晚高峰后	四	21/24.5		
远期	早高峰前	三	24/28	停止	通风方式
	早高峰	一	30/35	开启	通风降温方式
	早晚高峰间	二	27/31.5		
	晚高峰	一	30/35		
	晚高峰后	三	24/28		

注：风机额定风量为 30（m^3/s）/35（m^3/s）。

六、工程主要创新及特点

1. 直接蒸发冷却技术在地铁工程中首次应用

车站公共区直接蒸发冷却通风降温系统的应用，实现对送风状态参数进行控制、增大通风温差、降低系统风机装机容量及长期运行能耗，提高站内环境舒适性，该系统的成功应用填补了国内地铁工程采用蒸发冷却技术的空白。

通过专项技术研究、热工性能机测试验证，研制出地铁专用直接蒸发冷却机组，采用不锈钢填料（300mm＋150mm 厚两段串联布置）、三维布水（顶部喷淋＋前侧滴淋、最佳淋水密度范围 6500～7200kg/（$m^2 \cdot h$）、机组迎面风速不超过 3m/s、补水软化与循环水阻垢除垢处理＋水质在线监测自动排污，设计机组蒸发效率 90％。地铁直接蒸发冷却机组节能运行控制系统示意见图 5。结合兰州室外空气计算参数，设计确定机组出风口干球温度 19.2℃、相对湿度 89.7％，额定工况送风温差为 9.8℃（考虑 0.5℃送风机温升）；控制车站站厅（台）公共区室内环境温度≤29℃、相对湿度在 40％～70％范围之间。车站送、排风机均为变频运行，系统每日按照机械通风与蒸发冷却降温通风分时段运行的控制策略运行。

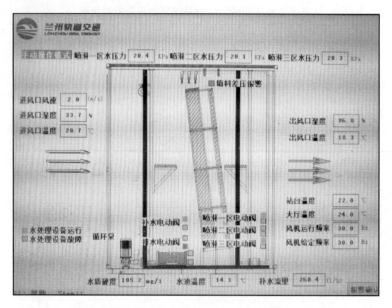

图 5　地铁直接蒸发冷却机组节能运行控制界面

　　本工程项目所采用的系统形式,很好地解决了夏季当地最热月的平均温度低于且接近25℃的气候干燥地区地铁采用机械通风系统舒适性差、运行能耗高、空气品质不佳的技术难题。形成的直接蒸发冷却地铁通风降温系统设计成套关键技术,填补了其在国内地铁工程领域应用的空白,设计方案处于国内同行技术领先水平,为地铁(尤其是气候干燥地区的地铁工程)通风空调系统形式的选择提供了新思路。

　　通过后期对本工程直接蒸发冷却通风降温系统运行情况实测分析及第三方权威机构检测(国家空调设备质量监督检验中心),2020 年 8 月 27 日现场全天对兰州大学站实测,机组的蒸发冷却效率最高达 96％以上,机组出风口送风点温度平均在 17～19.5℃范围内,蒸发冷却降温效果十分明显;车站站厅和站台公共区环境平均温度分别控制在 23.8℃和21.8℃左右,站内舒适性较高。2021 年 9 月,分别在工作日和周末的连续现场测试,工程项目实际运行机组直接蒸发冷却效率最高达到 97.7％,车站公共区环境温度低于 24℃、公共区室内相对湿度处于 45％～55％范围内。车站风机及机组总耗电功率合计 37.8kW。

　　2. 土建风道大截面空气过滤及静电杀菌净化装置的应用

　　车站土建新风道内集中设置一台大截面尺寸的空气过滤及静电杀菌净化装置,打破了传统的在各区域空调通风系统(部分工程仅在公共区空调系统设置)分别独立分散设置过滤杀菌净化的惯有模式,提高运营管理与维护的便捷性,同时有效地保障了送入不同区域的新风品质和洁净度。

　　结合地铁工程运营维护特点,降低清洗维护成本,在产品结构设计研发中进行了创新改造,提出框架结构式分单元轻量化模块拼装(方便日常拆卸更换)、内设挡水卷帘及排水槽,采用密闭式线槽以保证绝缘与防水及防漏电安全保护措施,可直接用 0.3～0.4MPa压力的高压水枪冲刷清洗(降低拆卸清洗工作量、提高清洗效率)。

　　3. 隧道通风系统加压导流装置的应用

　　为解决传统的非封闭式站台门系统制式时,区间隧道事故通风需要多站风机联动带来的一系列问题，本工程采用在地下车站站台端部区间隧道连接处设置加压导流装置的通风方式，通过对加压导流装置的阻力、出口风速、出口夹角、整体长度及外形尺寸、安装方式等进行三维模拟分析研究，研制出了最优尺寸的圆台形加压导流装置，总长度9320mm、出风口夹角 25°、出风口圆筒直径为 1960mm、出口流速不超过 25m/s。

该装置不仅将全部的事故风机（TVF）送风量经加压导流装置送入事故区间隧道内，同时还诱导大量站台及连通的非事故区间的风量共同进入事故区间隧道，降低站台设置非封闭站台门（安全门）对区间隧道事故通风的影响，简化区间隧道事故通风时联动启动的设备数量（传统无加压导流装置时至少需开启 4 台 TVF 送风，采用加压导流装置最多只需开启 2 台 TVF 送风），切实提高了隧道通风系统的安全可靠性及有效保证区间隧道火灾、阻塞事故时的通风量及区间断面通风排烟流速不低于 2m/s 的要求，为人员安全疏散创造了良好的条件，社会效益明显。

通过后期现场对隧道通风系统运行情况实测分析，当开启紧邻区间一端的 1 台 TVF事故风机通过加压导流喷嘴送入区间的断面风速 3.2m/s 比开启该端两台 TVF 事故风机并联运转直接送入区间的断面风速 2.9m/s 还要高出 0.3m/s，对应的区间断面排烟流速也由 2.8m/s 提高到 3.2m/s，现场实测结果表明，加压导流装置的气流组织效果及诱导车站轨道区气流进入事故区间的诱导效果均十分明显，达到预期设计目的。

4. 设备用房区域灵活运用机械通风＋多联机空调系统

本工程全线地下车站采用机械通风＋多联机空调系统相结合的系统技术方案，以保证强电电气设备用房、弱电电气设备用房、人员办公管理用房的室内环境温度满足工艺需求和人员舒适要求，系统经过联调调试投入使用后，运行安全可靠、节能效果明显，各个房间可自行控制空调的开关使用，达到了设计目的。弱电电气设备用房室外机配置一个冗余模块，解决了室外机故障维修时的空调能力不足问题，采用风管式室内机解决了空间布局紧张的电气设备房间空调风口无法避开电气设备的问题，各类房间多联机空调系统分开独立设计、多联机空调与机械通风的转换运行随室内温度变化实时自动控制，解决了传统集中空调系统控制精准性差和控制不便（各房间无法独立控制开关）的问题，为地铁车站公共区不设置机械制冷情况（设备与管理用房需独立单独配置空调制冷）的地铁工程项目提供了很好的工程应用案例。

广州万达文化旅游城酒店 （自编 JD-2、JD-3 栋）

- 建设地点： 广州市
- 设计时间： 2016 年 3 月—2017 年 9 月
- 竣工时间： 2019 年 5 月
- 设计单位： 广东省建筑设计研究院 有限公司
- 主要设计人：许 杰 郭林文 屈永强 何 妞 邹永胜
- 本文执笔人：许 杰

作者简介：

许杰，高级工程师，主任工程师。代表工程：广州白云国际机场扩建工程二号航站楼、湛江吴川机场、潮汕机场扩建工程、深圳机场卫星厅、广州白云国际机场扩建工程三号航站楼、广州亚运综合体育馆及主媒体中心、山东泰山会展中心、佛山新福港广场、佛山三水万达广场购物中心、广州万达旅游城五星级酒店、广州无限极广场、广州市妇女儿童医疗中心南沙院区。

一、工程概况

广州万达文化旅游城位于广州市花都区，是万达集团布局一线城市的大型城市文旅项目，包含了乐园、万达茂、雪世界、水世界、体育世界、高端酒店群、大剧院及滨湖酒吧街等八大文化旅游业态。广州万达文化旅游城酒店（自编 JD-2、JD-3 栋，见图 1，2）为高端酒店群 3 个酒店中的 2 个五星级酒店（JD-2 栋为五星级酒店 A，JD-3 栋为五星级酒店 B，JD-1 栋为六星级酒店由另外的设计院负责）。后期由于业主更替原因，本项目改名为广州融创文化旅游城项目。

图 1 五星 A 酒店外景图

图 2 五星 B 酒店外景图

五星级酒店 A 总建筑面积 38272.5m²，其中地上 33080.6m²，地下 5191.9m²，建筑总高度 43.99m，共 9 层，地下 1 层（主要功能为后勤办公、设备机房、停车场等），地上

9 层（其中 1~2 层为大堂、餐厅等；2 层夹层以上为客房层）。为一类高层公共建筑。五星级酒店 A（自编 JD-2）与六星级酒店是相连的，2 个酒店合用一套空调冷热源系统，六星级酒店及冷热源由另外的设计院负责。酒店 A 空调面积 22745m²，设计日冷负荷计算值为 3251kW，设计日热负荷计算值为 1053kW，单位空调面积冷指标约为 141W/m²，单位空调面积热指标约为 46W/m²。

五星级酒店 B 总建筑面积 45769m²，其中地上 36269m²，地下 9500m²，建筑总高度 43m，共 8 层，地下 1 层（主要功能为设备用房、停车场员工厨房、后勤办公室等酒店配套用房），地上 9 层（首层为消防控制室、酒店大堂、大堂吧、全日餐厅、宴会厨房、宴会厅、会议室；2 层为中餐厅、行政办公及客房；3 层为健身中心、湖畔餐吧及客房；4~8 层为客房层）。为一类高层公共建筑。五星级酒店 B（自编 JD-3）单独设置一套空调冷热源系统。酒店 B 空调面积 27287m²，设计日冷负荷计算值为 4335kW，设计日热负荷计算值为 1350kW，单位空调面积冷指标约为 159W/m²，单位空调面积热指标约为 49W/m²。

二、暖通空调系统设计要求

1. 室外设计参数（见表1）

室外设计参数 表 1

	干球温度（℃）		湿球温度（℃）	大气压力（kPa）	相对湿度（%）
	空调	通风			
夏季	34.2	31.8	27.8	100.40	72
冬季	5.2	13.6	—	101.90	—

2. 冷热源参数

（1）五星级酒店 A（自编 JD-2）与六星酒店是相连的，2 个酒店合用一套空调冷热源系统，六星级酒店及冷热源由另外的设计院负责，冷水设计供回水温度为 6℃/12℃。冷却水设计供回水温度为 37℃/32℃。空调、供暖系统的热源由设置在六星级酒店地下 1 层的热水锅炉提供，地下 1 层制冷机房内设水水换热器，为集中空调系统提供 60℃/50℃热水。其空调热水系统设置 2 台板式换热器（每台负担计算热负荷的 70%），3 台循环水泵（两用一备）。

其他冷源：①采用变制冷剂流量空调（或分体空调）作为变配电室、消防控制室、电梯机房、IT 机房、设备机房值班室冷热源，其室外机不得安装在后勤走廊内。②为满足厨房冷库制冷机的散热需要，在裙楼夹层预留冷库用风冷室外机安装位置。

（2）五星级酒店 B（自编 JD-3）冷源。

① 在地下 1 层设置 1 个制冷站，作为五星酒店 B 的夏季空调的冷源。设 2 台 1758kW（500rt）的离心式冷水机组和 1 台 850kW（242rt）的螺杆式冷水机组供夏季空调系统使用，蒸发侧工作压力 1.0MPa，冷凝侧工作压力 1.0MPa。制冷站总制冷量为 4395kW。冷水设计供回水温度为 6℃/12℃。冷却水设计供回水温度为 37℃/32℃。冷却塔采用方形低噪声式冷却塔，设置于酒店客房屋顶。

② "免费冷源"。在制冷机房内设置 2 台 367kW 水-水热泵机组。在空调季节回收空调室内余热，为给排水换热机房提供 57℃/52℃热水，同时回收冷水至冷水系统作为冷水回

水的预冷，减低冷水主机的负荷。

③ 其他冷源。采用风冷式除湿热泵作为游泳池室内除湿冷源；采用变制冷剂流量空调（或分体空调）作为变配电室、消防控制室、电梯机房、IT机房、设备机房值班室冷热源，其室外机不得安装在后勤走廊内；为满足厨房冷库制冷机的散热需要，在裙楼屋顶设置了2台闭式冷却塔，一用一备，冷却供回水设计温度为37℃/32℃。

（3）热源。酒店地下1层设3台1050kW的承压燃油（燃气）热水锅炉。热水锅炉供回水温度为95℃/70℃，作为该项目空调系统、供暖、生活热水的热源，地下1层制冷机房内设水水换热器，为集中空调系统提供60℃/50℃热水。其空调热水系统设置2台板式换热器（每台负担计算热负荷的70%），3台循环水泵（两用一备）。泳池池岸及更衣区设置地板辐射供暖，地板辐射供暖系统单独设置板式换热器，二次侧供回水温度45℃/35℃。

3. 室内设计参数（见表2）

空调房间设计参数　　　　　　　　　　　　　　表2

服务区	干球温度（℃）/相对湿度（%）		人均面积（m²/人）	新风量[m³/(人·h)]	NR噪声	备注
	夏季	冬季				
客房	23/50	22/40	2人/间	100m³/(h·间)	32	—
客房走廊	24/—	20/—	—	—	32	1.5h⁻¹换气次数
大堂	24/60	21/40	8	30	38	—
前台	24/60	21/40	5	30	38	—
会议室	23/50	21/40	2	40	35	—
贵宾室	23/50	21/40	8	40	35	—
商务中心	24/60	21/40	8	30	35	—
前厅/走廊	24/60	20/40	4	20	40	1.5h⁻¹换气次数
卫生间	24/—	21/—	—	—	40	—
酒吧	24/50	21/30	2	30	38	—
中/西餐厅	24/50	21/30	2.5	35	38	—
员工餐厅	25/60	21/30	1.5	30	38	—
宴会厅	25/60	21/30	1.5	30	38	—
多功能厅	23/60	21/40	2	40	35	—
行政办公室	23/60	21/40	10	40	35	—
电梯厅	24/60	21/40	8	30	38	—
前厅	23/50	21/40	1.5	30	38	—

4. 通风换气次数（见表3）

通风换气次数　　　　　　　　　　　　表3

区域	通风换气量或次数	事故排风换气次数（h⁻¹）
主厨房（粗加工间）	40h⁻¹，最终需由厨房顾问提供	12
中餐厨房	60 h⁻¹，最终需由厨房顾问提供	12
公共卫生间	12 h⁻¹	—

续表

区域	通风换气量或次数	事故排风换气次数（h⁻¹）
柴油发电机房	停机时 6 h⁻¹，日用油箱间 6 h⁻¹	—
消防、生活水泵房	6 h⁻¹	—
垃圾处理间	20 h⁻¹	—
变配电站	8 h⁻¹	—

三、暖通空调系统方案比较及确定

1. 冷热源设计

由于五星 A 酒店是采用外部冷热源，因此本文仅对五星 B 酒店进行 3 种冷热源系统方案比较并作出全面比较分析，以确定最佳的方式。

经计算，空调制冷、供暖及生活热水负荷（由给排水专业提供）如表 4 所示。

空调制冷、供暖及生活热水负荷				表 4
项目	建筑面积（m²）	建筑面积冷负荷指标（W/m²）	建筑面积热负荷指标（W/m²）	夏季冷负荷（kW）	冬季热负荷（kW）
空调负荷	45769	100	40	4577	1830
生活热水	—	—	—	—	1109
恒温泳池	—	—	—	—	101＋50
汇总	45769	—	—	4577	3090

本项目选用 3 台 1050kW 热水锅炉提供空调供暖、生活热水。3 种空调供暖方案如表 5 所示。

空调供暖方案	表 5
系统形式	配置说明
基准方案：电制冷＋热水锅炉系统	选用 2 台离心式冷水机组、1 台螺杆式冷水机组、5 台冷却塔，冷水为一级泵变流量、冷却水为一级泵定流量 提供夏季制冷负荷 设 3 台 1050kW 热水锅炉提供空调供暖、生活热水
方案 1：电制冷＋部分热回收＋热水锅炉系统	选用 2 台离心式冷水机组、1 台螺杆式冷水机组（带部分热回收）、5 台冷却塔，冷水为一级泵变流量、冷却水为一级泵定流量 提供夏、冬季空调制冷和供热预热负荷 设 3 台 1050kW 热水锅炉提供空调供暖、生活热水
方案 2：电制冷＋全热回收＋热水锅炉系统	选用 2 台离心式冷水机组、1 台螺杆式冷水机组（带全热回收）、5 台冷却塔，冷水为一级泵变流量、冷却水为一级泵定流量 提供夏、冬季空调制冷和供热预热负荷 设 3 台 1050kW 热水锅炉提供空调供暖、生活热水
方案 3：电制冷＋水水热泵＋热水锅炉系统	选用 2 台离心式冷水机组、1 台螺杆式冷水机组、2 台水-水热泵机组、5 台冷却塔，冷水为一级泵变流量、冷却水为一级泵定流量 提供夏季空调制冷和供热负荷、冬季空调制冷和供热预热负荷 设 3 台 1050kW 热水锅炉提供空调供暖、生活热水

2. 各种方案初投资及运行费用统计

以基准方案中热水锅炉供热量计算全年运行费用为基数，通过扣除方案 1～3 中的热回收量后再计算各方案的锅炉全年运行费用。各种方案初投资及运行费用统计见表 6。

初投资及运行费用统计 表 6

	基准方案	方案 1	方案 2	方案 3
初投资（万元）	446.45	463.85	479.65	501.75
夏季制冷机房运行费用（万元）	247.37	247.73	276.84	402.79
冬季供暖热水泵运行费用（万元）	1.60	1.60	1.60	1.60
锅炉全年运行费用（万元）	325.21	309.21	271.27	119.30
全年运行费用（万元）	574.18	558.54	549.70	523.68
投资回收期（a）	—	1.11	1.36	1.10

3. 系统优缺点

3 种不同空调供暖方式所占用的室内外机房面积估值如表 7 所示。

机房面积估值（m²） 表 7

	基准方案	方案 1	方案 2	方案 3
室内制冷机房面积（含空调换热站）	380	420	420	440

通过以上数据分析，方案 1 与方案 2 增加机房面积相差不大，比基准方案均增加了约 40m²；方案 3 占用机房面积最大，比基准方案约增加 60m²。由于水冷式冷水机组直接设置在室内，通过冷却水进行能量交换，使用寿命较长，约为 20 年。

4. 方案确定

综上所述，方案 1 初投资约比基准方案多出 3.9%，运行费用比基准方案节省 2.72%，其静态投资回收期约为 1.11 年。方案 2 初投资约比基准方案多出 7.44%，运行费用比基准方案节省 4.26%，其静态投资回收期约为 1.36 年。方案 3 初投资约比基准方案多出 12.39%，运行费用比基准方案节省 8.79%，其静态投资回收期约为 1.1 年。从初投资来看，方案 3 的初投资最大，方案 2 次之，方案 1 初投资最少。从年综合运行费用来看，方案 3 最低、方案 2 次之，方案 3 节省费用相对最多。从静态投资回收期来看，方案 1 的静态回收期为 1.11 年，方案 2 的为 1.36 年，方案 3 的为 1.10 年，均具有较好的经济效益。

由于方案 3 回收热量最大，供冷季基本不需要开热水锅炉就能满足空调供暖和生活热水需求，过渡季节时，水-水热泵用于供生活热水的回收量基本可满足该段的供冷量需求，从长远看，具有更好的经济效益。

另外，根据 GB 50189—2015《公共建筑节能设计标准》第 7.3.3 条，"有稳定热水需求的公共建筑，宜根据负荷特点，采用部分或全部热回收型水源热泵机组。用作全年供热水时，应选用全部热回收型水源热泵机组或水源热水机组"。故方案 3 在此条规范要求中占优。

综合以上分析比较，电制冷＋水-水热泵＋热水锅炉系统虽然投资最大，但热回收量具有明显优势，投资回收期较短，具有较好的经济效益，建议本项目选用方案 3。

四、通风防排烟系统

1. 加压防烟系统

防烟楼梯间的地上和地下单独设置加压送风系统。

2. 排烟系统

按照规范要求设置机械排烟系统。各房间总面积超过 $200m^2$ 或一个房间面积超过 $50m^2$ 的地下室，均设置了机械排烟系统。地上部分面积超过 $50m^2$ 的房间且无外窗的房间设置机械排烟系统。

裙楼和塔楼排烟系统独立设置。当排烟系统负担两个或两个以上防烟分区排烟时，按最大防烟分区面积每 m^2 不小于 $120m^3/h$ 计算。

设置排烟系统的地下室同时设置消防补风系统。补风量大于排烟量的 50%。

客房内走廊共设置 6 套机械排烟系统，在火灾时，同时开启着火层的电动排烟风口。排烟风机设置于塔楼屋顶。

排烟口、正压送风口、空调通风风口：最低点低于 2.0m、正常人可能触及的风口，在安装风口时内附 6～8 目不锈钢网，防止可燃杂物、烟头等进入风道。

五、控制（节能运行）系统

冷水一级泵变流量系统：酒店的冷水系统采用一级泵变流量系统。通过分析和比较设置在最不利环路上的压差传感器所采集得到压差值与设定值的大小关系，来确定循环水泵的转速，而水泵转速的调节是通过变频器实现。在冷水供回水总管上分别设温度传感器，并在回水总管上设流量传感器，以测定每一瞬间冷水的供回水温度及总水量。群控系统将依次计算出空调系统负载端每一瞬间的实际用冷量，并经逻辑判断确定"加机"或"减机"。通过与冷水机组上的 BA 接口对接，实现对冷水机组的自动启停控制。根据冷水机组的最小流量设置最小流量旁通，当冷水流量接近"最小流量"时，开启设置在旁通管上的电动阀，此时循环水泵的转速不再降低，而通过调节电动阀的开度来适应末端空调负荷的变化。为了确保该系统的安全和可靠运行，控制冷水流量的变化范围和每分钟的变化率是重点内容。

空调冷却水系统：酒店制冷系统采用模块式冷却塔，并分组与制冷机一一对应。根据冷却塔的供水温度而控制冷却塔风机的启停。冷却水供回水总管间设旁通管，当冷却水的供水温度降低到 15℃时，开启旁通管上的电动阀，减少冷却塔的处理水量，从而使冷却水的供水温度不低于 15℃。

锅炉房热水系统：锅炉采用燃气/燃油热水锅炉，供应生活热水换热系统、酒店空调热水换热系统、地板供暖热水系统；燃气/燃油蒸汽锅炉供应洗衣房蒸汽系统等。

板式换热机组系统：板式换热机组采用水-水换热器，二次侧水系统采用变流量系统。

上述多个控制系统中均涉及到变频调速控制系统，由控制器、变频器、压差传感器及流量传感器等组成。控制器内设控制程序，并需要将水泵的特性曲线输入其中。压差传感器设置在最不利环路的供回水支管上，控制器将会随时根据压差信号偏差，对水泵转速进行控制。

室内依据 CO_2 浓度控制新风量供给：酒店全日餐厅、中餐厅等人员密度变化范围大的区域，在室内设置二氧化碳浓度传感器，AHU 根据室内 CO_2 浓度传感器所监测到的二氧化碳浓度自动调节新风量。

预冷和预热：酒店宴会厅、餐厅等间歇运行的全空气空调系统在其重新投入运行前，BAS 将关闭 AHU 的新风电动调节阀，仅利用循环风进行预冷或预热，以减少能耗。夏季夜间预冷，是指当夏季必须进行机械供冷时，可利用夜间相对温度较低的室外空气进行自然或机械通风，以实现对室内家具及建筑物本身的预冷却，从而减少白天空调供冷负荷和能耗。

连锁控制：厨房、垃圾房、洗衣房、锅炉房、制冷机房、水泵房的送、排风机连锁控制，即同时启停。

新风机组（PAU）：回水管上配比例积分电动调节阀，根据送风温度调节阀门开度，使送风温度保持在所要求的范围内。

空气处理机（AHU）：新风阀采用带阀位传感器的电动调节风阀。空调季 BAS 调节阀门的开度，保证系统最小新风量；过渡季通过测试新风与室内温湿度，BAS 将调节新风、回风阀的开度，实现全新风运行，或改变系统新风比，恒定 AHU 的送风温度。

风机盘管（FCU）：在回水管上设置双位电动两通阀，配带有风机三速开关的室内温控器。当室内温度高于或低于设定值时，温控器动作，打开或关闭电动两通阀。

客房（FCU）：均纳入酒店 RCU 系统。FCU 的运行状态可以在前台控制。

FCU 运行的模式有 3 种：无人入住时房间保持 $t_n \pm 6℃$；已经入住，但客人外出时房间保持 $t_n \pm 3℃$；房间有人时，由客人设定 t_n，温度范围为 $t_n \pm 3℃$。

六、工程主要创新及特点

（1）为了满足室内人员舒适度的要求：空调水系统采用了四管制，冷热水分开供水，空调末端均采用四管制末端，可根据室内人员的需求自由供冷或供暖；所有大空间区域均根据设计日负荷计算值，利用焓湿图对空调器进行选型，并放大空调器的处理新风量来校核盘管冷量，确保空调器风量与冷量均满足使用区域的要求；空调器设空气过滤系统，分别是粗效过滤、中效过滤或静电除尘过滤系统；所有接触客人区域的风机盘管设置静电过滤器。

（2）为了保证室内有一个安静的环境，所有的空调机房均设置消声措施且尽量远离使用区域，从而保证了室内人员活动区远离空调设备的噪声源；同时，冷却塔和水泵在屋面区域均设置了浮筑平台，使振动完全被隔离。

（3）"免费冷源"的应用：在制冷机房内设置 2 台 367kW 水-水热泵机组。在空调季节回收空调室内余热，为给排水换热机房提供 $57℃/52℃$ 热水，同时回收冷水至冷水系统作为冷水回水的预冷，降低冷水主机的负荷。

（4）空调冷水系统系统采用一级泵变流量系统。通过分析和比较设置在最不利环路上的压差传感器所采集到的压差值与设定值的大小关系，来确定循环水泵的转速，而水泵转速的调节通过变频器实现。在冷水供回水总管上分别设温度传感器，并在回水总管上设传感器，以测定每一瞬间冷水的供回水温度及总水量。

成都市第五人民医院门急诊、住院综合楼

- 建设地点： 成都市
- 设计时间： 2015 年 10 月～2016 年 10 月
- 竣工时间： 2019 年 8 月
- 设计单位： 中国建筑西南设计研究院
  有限公司
- 主要设计人：陈 岚 刘芯言 杨 勇
  张 杰 革 非
- 本文执笔人：刘芯言

作者简介：

刘芯言，高级工程师，就职于中国建筑西南设计研究院有限公司。主要设计代表作品：柬埔寨西哈努克港胜利海滩综合体、江北新区研创园五桥水资源科技综合体、江苏省人民医院浦口分院三期、雅安市名山区人民医院门诊综合楼、四川出版传媒中心、成都仁恒滨河湾。

一、工程概况

成都市第五人民医院门急诊、住院综合楼（见图 1）位于成都市温江区，总建筑面积 88792.04m²，其中空调面积 49046m²，地下 3 层，地上 23 层，建筑高度 96.15m，为一类高层建筑。地上 1 层为门厅及急诊；2～5 层为门诊，内设住院病房、放射科、检验科、内窥镜科、门诊、血透病房等，6 层为体检；7 层为 ICU；8 层为手术室；9 层为设备层；10～22 层为病房层；23 层为预留医院办公。地下设机动车及非机动车停车库，药库，中央物资库，设备用房等。经计算，本项目空调总冷负荷 9235kW，单位空调建筑面积冷指标 188W/m²；空调总热负荷，单位空调建筑面积热指标 112W/m²。因使用方对部分科室的空调有额外备用要求，故本项目概算高于同类型常规项目，通风空调工程投资概算 6081.5 万元，建筑面积单方造价 684 元/m²。

图 1 项目外景

二、暖通空调系统设计要求

1. 设计参数确定

按规范要求、结合使用方需求以及本项目具体情况确定室内空调设计参数，如表 1 所示。

室内空调设计参数							表 1
	室内温湿度参数				新风量		噪声 (dB)
	夏季		冬季		人均新风 [m³/(人·h)]	换气次数 (h⁻¹)	
	温度 (℃)	相对湿度 (%)	温度 (℃)	相对湿度 (%)			
诊室	26	60	20	自然湿度	40	—	≤45
候诊室	25	60	19	自然湿度	—	2	≤55
病房	26	60	21	自然湿度	40	—	≤45
ICU	25	60	24	自然湿度	—	2	≤45
办公室	26	60	20	自然湿度	30	—	≤50
大厅	27	60	18	自然湿度	15	—	≤55
DR、CT 室	22	60	22	自然湿度	—	2	≤50
信息机房	23±1	60±10	23±1	60±10	40	—	—

2. 功能要求

该项目为国家三级甲等综合医院的门急诊住院综合楼项目，本次暖通设计为医疗工艺、设备、医护人员、就诊病患等提供安全可靠、高效节能、舒适度高的空调系统，达到使用方实际使用需求，同时满足绿建一星建设要求。

3. 设计原则

（1）冷热源：采用集中与分散相结合的设计原则。

（2）水系统：采用一级泵变流量系统，设置多个环路分别服务各功能科室，并对内外区设置独立的水环路。

（3）空调方式：对高大空间及人员密集场所设置全空气空调系统，小房间设置新风＋风机盘管系统。

（4）气流组织：原则上平层取风，送入健康卫生的新风；新风取风口与各排风口保持一定的间距，有污染的气体处理达标后高空排放；单个房间的新风原则上优先送至医护人员所在位置，排风口设置于患者处。

（5）空气过滤：根据国家标准，结合项目所在地的环境空气质量，水系统全空气空调系统及新风系统设置粗效＋中效＋高中效三级过滤装置，多联机新风系统以及室内风机盘管设置驻电极净化装置。

三、暖通空调系统方案比较及确定

1. 冷热源系统设置

（1）分体空调：消防电梯、变配电间、电梯机房；

（2）恒温恒湿空调：MRI、网络机房；

（3）空气源热泵：净化手术部；

（4）多联机：检验科、药品库 EICU、ICU、CCU、血透中心、人流手术室、急诊以及除 MRI 外的放射科；

（5）冷水机组＋锅炉：其他舒适性空调区域。

2. 水系统设置

本项目舒适性集中空调系统服务半径小，为发掘水泵节能运行潜力，水系统采用一级泵变流量系统。

集中空调服务范围内存在大量的内区空间，为解决过渡季节及冬季内外区冷热需求不一致的问题，结合成本控制，空调水系统采用分区两管制，在分设多个环路的基础上，对内外区分别设置水环路。

受层高及管径条件限制，空调水系统采用异程式系统，为克服水力失调，在各支管路设置动态＋静态的平衡阀组。

结合项目条件，采用简单、可靠、稳定、省电的高位膨胀水箱定压、补水。

3. 空调末端设置

1层大厅、2～5层公共空间以及检验科检验区设置全空气空调系统，全空气系统可根据需求变新风量运行，呼吸道疾病流行期间可全新风运行，加大换气次数，充分利用室外新鲜空气稀释室内有害物浓度，为医患提供更好的室内环境。气流组织上送上回。

小开间房间采用风机盘管＋新风系统，新风系统结合楼层、科室划分合理设置。气流组织上送上回。

四、通风防排烟系统

1. 通风系统

结合医院建筑特点，考虑成本控制，舒适性空调区域仅对内区房间设置排风系统，与新风系统一一对应。新风采用平层取风，无污染的排风平层排至室外，新排风口间距大于10m，卫生间、检验科实验室、PCR、细菌室、隔离治疗室等有污染的排风系统均处理达标后高空排放，排风机设置于屋面，避免室内出现正压段。其中隔离透析、隔离门诊等房间独立设置排风系统，保持房间负压。

2. 防排烟系统

本工程楼梯间、前室优先采用自然通风的方式。不满足自然通风要求的楼梯间及其前室设置机械加压送风系统，避难间设置机械加压送风系统。本工程房间、走道优先采用自然排烟的方式。不满足自然排烟条件的房间、走道设置机械排烟系统，机动车库、非机动车库、中庭设置机械排烟系统。

五、控制（节能运行）系统

本工程空调、通风系统采用较先进的直接数字控制系统（DDC 系统），由中控电脑及终端设备加上若干现场控制分站和相应的传感器、执行器等组成。控制系统的软件功能应包括根据最优化的系统能效比进行设备启停、PID 控制、时间通道、设备群控、动态显示、能耗统计、各分站的协调联络以及独立控制、报警及打印等，并能对本大楼的空调、新风系统、排风系统进行集中远控和程序控制。并作为控制子系统纳入楼宇控制系统。

1. 冷水机组控制

冷水机组以压缩机的实际运行电流与额定电流的比值辅以系统能效综合判定作为加减机控制的依据，根据室外气象参数、房间温湿度、运行时刻等对机组出水温度进行再设定，以实现按需供冷和节能运行。

2. 锅炉控制

锅炉以负载率作为加减机控制的依据，设置气候补偿器根据室外温度变化及用户设定自动控制机组出水温度，以实现按需供热和节能运行。

3. 水泵变频控制

根据负荷侧最不利环路的压差控制水泵变频器，尽可能发掘节能潜力。

4. 压差旁通控制

当末端负荷减少，通过主机的流量接近单台机组最小允许流量时，根据供回水主管压差控制旁通阀开度，确保机组正常运行。

5. 空调末端控制

全空气系统及新风系统通过调节回水管电动两通调节阀的开度，控制送风温度。风机盘管设三速开关，通过控制回水管电动两通阀，调节房间温度。全空气系统通过控制新回风电动风阀开度，过渡季节可变新风运行。

6. 各级过滤器均设压差超压报警

六、工程主要创新及特点

该项目设计重视前期调研与沟通，明确了项目定位、使用需求、运行管理模式等，结合市政能源条件、周边建筑环境条件，采取适用于本项目的技术措施，为实际运行提供良好的条件。

1. 合理设置冷热源

项目前期通过与院方基建科多次沟通交流，对院方在现有院区的空调使用情况有基本了解（反映问题较多的有：因科室工作时间不同而导致的空调使用不方便、不节能；空调经常故障而影响正常医疗工作开展），并与各科室反复沟通确认一线工作者对空调通风的需求，再结合相关文献资料，对医院拟建科室进行负荷特性的定性分析，对空调区域的划分如表 2 所示。

空调区域划分 表 2

负荷特性	典型区域
常年制冷需求的场所	MRI、CT、DR、标本库、阴凉库、弱电机房、弱电井、电信间、UPS
提前或延迟制冷（热）需求的场所	ICU、超声室、心电图室
全年 24h 不间断空调需求的场所	手术室、急诊室
其他负荷特性趋同的区域	门诊室、办公室、会议室

对以上区域通过经济技术对比分析，全部设置集中空调造价低，但无法满足负荷特性特殊区域的空调需求，最终采取分散＋集中的方式，分别设置分体空调、恒温恒湿空调、多联机、空气源热泵、冷水机组＋锅炉。

2. 满足内外区不同的冷热需求

本建筑裙房存在大量内区房间，为解决过渡季节及冬季内外区冷热需求不一致，采取以下措施：

（1）新风系统内外分区，冬季可开启新风机对内区房间送室外新风。

（2）空调水系统内外独立设置环路，过渡季和冬季可开启 1 台变频离心机对内区房间制冷。

（3）多联机系统优先内外分区设置，无条件内外分区设置的区域采用热回收型多联机，可实现同时制冷制热。

3. 满足业主对特殊科室空调备用的需求

本项目业主明确要求对网络机房电池间及调试区、药房、挂号、CT 室、DR 室、血透室、ICU 区域的多联机空调考虑备用。在多联机设计选型时，采取室外机增加一台模块的方式，达到无论哪一台室外机模块故障，系统仍然可正常运行，且能保证在系统正常运行的情况下对故障室外机模块进行检修。既满足甲方的备用要求，又避免室外机整体备用所造成的浪费。

4. 合理采用热回收型多联机系统

本项目裙楼单层面积约 5000m^2，其中 1 层输液室、急诊大厅、急诊抢救室、儿科急诊、肛肠科、发热门诊、呼吸门诊、3 层人流室等分布在建筑的内外区。太阳直射的房间夏季冷负荷大、冬季热负荷小，具有和其余朝向房间负荷不同的特点。在春秋过渡季节常有南向、西向房间太阳直射的时候需要制冷，而北向房间需要制热的状况；在同一时间内，每个房间对制冷制热的需求不一致。以上区域采用热回收型多联机，每台空调室内机可以实现制冷制热模式自由切换，同时将需要排放到室外的热量（冷量）回收并转移到需要制热（制冷）的房间，提高系统整体能效，达到用户的不同需求。

5. 合理规划室外机放置位置

本项目空调通风形式多样、系统繁杂，室外机的摆放规划是一大难点，且裙楼屋面以及塔楼屋面较小，裙楼屋面还需要留出医护病患活动空间。在项目前期与各专业配合，确定好外机的摆放原则：地下室的室外机就近放置在地面，由景观配合做好绿化遮挡，裙楼外机就近设置于裙楼屋面，避开活动空间，塔楼的外机分楼层设置于裙楼屋面以及塔楼屋顶。

琅东八组综合楼（广西医大开元琅东医院）项目

- 建设地点： 南宁市
- 设计时间： 2015 年 1 月—2016 年 7 月
- 竣工时间： 2019 年 1 月
- 设计单位： 南宁市建筑规划设计集团
  有限公司
- 主要设计人：陈 政 刘 霞 刘增宏
  李春垚 蒋晏平 陈 瑞
- 本文执笔人：陈 政 刘 霞 李春垚

作者简介：

陈政，高级工程师，注册公用设备工程师，现任南宁市建筑规划设计集团副总工程师、绿建分院副院长。主要设计代表作品：邕江大学水源热泵系统项目、广西医大开元琅东医院、南宁市工人文化宫建设项目、南宁市环球金融中心等。

一、工程概况

本项目位于南宁市青秀区金湖路与祥宾路交叉口，由原有建筑、扩建建筑和立体车库 3 部分组成（见图 1）。

图 1 广西医大开元琅东医院实景图

原有建筑主要功能为酒店，改为现在的综合医院，加上扩建的部分医技建筑、立体车库，项目总建筑面积 50566.55m²。医院建筑高度 71.40m，建筑地上 17 层，地下 2 层。地下 2 层为医疗检测、治疗设备用房。地下 1 层为小汽车停车库和设备用房。1 层为门厅、诊室和体检中心，2、3 层为诊室。4 层为手术室。5 层为 ICU 病房，6 层为康复中心和血液透析室，7、8 层为产房和病房。9～17 层为病房，床位数共有 552 张。地面设 5 个立体停车塔库，塔库建筑高度 73.95m，可停 41 层车，总共停车辆 404 辆。

本文主要介绍广西医大开元琅东医院的空调通风系统设计。该综合医院空调面积为 33708m²，夏季空调各项逐时冷负荷的综合最大值为 4713.5kW，总热负荷为 1662kW，单位空调面积冷负荷为 139.8W/m²，单位空调面积热负荷为 49.3W/m²。空调通风工程投资概算为 1392 万元（不含洁净空调），单位建筑面积造价空调通风工程为 275 元/m²。

二、暖通空调系统设计要求

（1）经与业主探讨交流及对南宁市各大医院的调研，本项目暖通空调设计以运行稳定、节能、环保、满足绿色建筑二星级为目标。

（2）室内主要设计计算参数见表 1。

室内主要设计计算参数　　　　　　　　　　　　　　　　　　表 1

	夏季		冬季		新风量（房间换气次数）(h⁻¹)	人员密度(m²/人)	A 声级噪声(dB)
	温度(℃)	相对湿度(%)	温度(℃)	相对湿度(%)	新风量（房间换气次数）(h^{-1})	人员密度$(m^2/人)$	A 声级噪声(dB)
候诊大厅	25～27	≤60%	18～20	自然湿度	2	2.5	≤50
病房	25～27	≤55%	20～22	自然湿度	2	4	≤40
诊室	25～26	≤55%	20～22	自然湿度	2	4	≤45
医生办公室	25～27	≤55%	19～21	自然湿度	2	4	≤45
配药室	25～27	≤55%	19～21	自然湿度	5	4	≤45

（3）洁净手术室设计计算参数见表 2。

洁净手术室设计计算参数　　　　　　　　　　　　　　　　　表 2

	最小换气次数(h^{-1})	新风量$[m^3/(h\cdot m^2)]$	工作区平均风速(m/s)	相对静压(Pa)	温度(℃)	相对湿度(%)	A 声级噪声(dB)
Ⅲ级洁净手术室	18	15～20	—	5～10	21～25	30～60	≤49
Ⅰ级洁净手术室	—	15～20	0.2～0.25	10～15	21～25	30～60	≤50
Ⅲ级负压洁净手术室	18	15～20	—	−10	21～25	30～60	≤49

三、空调通风系统设计方案

1. 空调方式的确定

本项目为综合性医疗建筑，空调系统有如下特点：各功能房间空调要求多样化，过渡季节短暂存在同时供冷、供暖需求；部分功能房间要求空调全年运行；生活热水需求量大且稳定；重要医疗设备房要求恒温恒湿空调。经与业主探讨交流，空调系统采用集中与分散相结合，保证空调系统运行的高效节能性和用户使用的灵活性。具体为：除恒温恒湿空调独立设置外，空调主系统设置高效冷水机组＋涡旋式空气源热泵机组为整栋楼提供冷、热源，同时对手术室、产科等有特殊要求的医技用房另外设置两套独立的涡旋式空气源热泵机组，在过渡季节主系统停机时，通过阀门转换，为手术室、产科等提供冷热源，降低能耗。同时，其中 1 台冷水机组采用部分热回收技术，提供生活热水。

2. 空调冷、热水系统

（1）主系统，对应 3 台变频螺杆式水冷冷水机组（其中 1 台带热回收）设置三用一备 4 台冷水泵、三用一备 4 台冷却水泵及 2 台热回收热水循环泵。对应 2 组涡旋式空气源热泵机组设置两用一备 3 台冷热水循环泵。系统主机夏季供水温度为 7℃，回水温度 12℃；涡旋式空气源热泵机组冬季供水温度为 45℃，回水温度 40℃；涡旋式空气源热泵机组设置于 7 层屋面，其余主机及水泵设置于地下 2 层制冷机房内。

冷却水系统：对应 3 台水冷冷水机组设置 3 台冷却塔（共用集水盘），冷却水供水温度为 32℃，回水温度为 37℃，冷却塔设置于 7 层屋面。

（2）手术部夏季空调冷负荷为 560kW，冬季空调热负荷为 118kW，设置 8 台涡旋式空气源热泵机组，水系统采用四管制，空气源泵机组同时提供空调冷热水，热水用于净化空调除湿后的再热，避免用电加热进行再热，节能、环保。设置两用一备 3 台冷热水循环泵及一用一备 2 台空调热回收热水循环泵为系统提供循环动力。

（3）产科夏季空调冷负荷为 126kW，冬季空调热负荷为 38kW，设置 2 台涡旋式空气源热泵机组，设置一用一备 2 台冷热水循环泵为系统提供循环动力。

（4）TOMO 治疗室及服务器室分别采用 2 个风冷直膨式的精密空调系统，一用一备。

（5）冷凝水系统：设置冷凝水管路系统将冷凝水排至空调机房地漏或经冷凝水立管排至室外明沟，凝结水水平干管设计坡度不小于 5‰，坡向水流方向。8～17 层高于冷却塔的冷凝水集中回收，经过滤后接入冷却塔集水盘，节水节能。

3. 空调风系统

（1）门诊、病房、医生办公室等小开间房间采用风机盘管加新风系统，新风由室外引入，经新风机集中处理后通过管道送入各个空调房间；新风口按全新风考虑，在新风管和回风管上设电动对开多叶调节阀，根据室内外焓差实行新风比可调，过渡季全新风运行。

（2）空调回风口设置滤网及超薄高压静电消毒模块（见图2），与空调风机、温控开关联动运行，空气净化与空气杀菌消毒双重功能，PM2.5 去除率 99%，白色葡萄球菌和病毒去除率大于 99.9%。

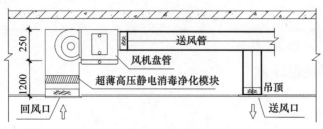

图 2　风机盘管安装大样图

（3）洁净手术室内采用专用天花层流罩送风，上送下回方式，手术室洁净辅房区域采用高效送风口，上送下回方式。回风口洞口上边高度不超过地面之上 0.5m，洞口下边离地面 0.2m。

四、特殊房间空调系统

（1）4 层手术室，共设置 9 套净化空调系统，OP1、OP6、OP7、OP8、OP9 手术室均单独采用 1 套净化空调系统；OP2 和 OP3、OP4 和 OP5 分别是两间共用 1 台净化空调机组；其余辅助用房空调分别用 2 套净化空调系统。OP1 手术室新风独立引入，其余净化空气处理机组均采用新风机组处理后，再送至各个净化空调机组。

（2）每台洁净空气处理机组设有混合粗效段、风机段（变频风机，分别为 11kW、7.5kW、5.5kW、3.0kW）、均流段、表冷段、再热段、电加热段、加湿段、中效段、出风段等功能段，各功能有独立的检修门；机组配置 "G4 粗效＋F8 中效" 两重过滤器，各功能有独立的检修门，表冷段与中效段之间需安装紫外线灭菌灯。

（3）每个手术室设置独立的排风系统，与净化机组连锁，排风和新风管均采用定风量阀控制，外部有指标显示流量刻度，通过新风、排风控制手术室的压差，OP1 手术室为负压手术室，其余均为正压手术室。

（4）手术室采用阻漏式送风天花（含高效过滤器）顶送风，双侧下回风。正、负压手术室空调原理图及平面图见图 3～6。

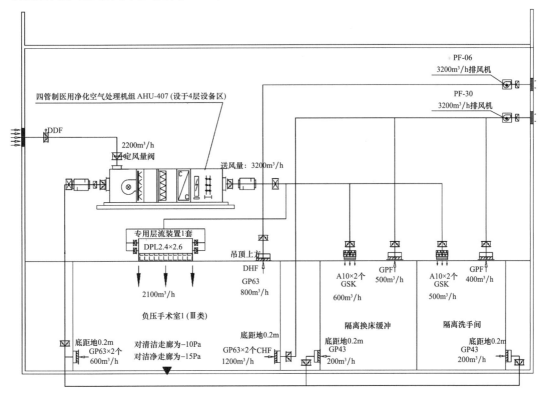

图 3　负压手术室洁净空调原理图

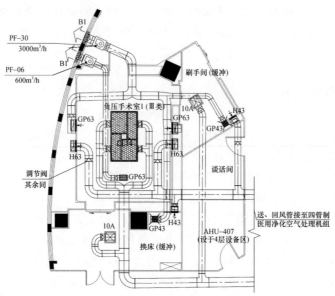

设备位号	设备名称	设备技术规格及附件
CL14	阻漏式送风天花	2680mm×1480mm×350mm，含高效过滤箱、高效过滤器
A10	净化送风天花装置	484×484×70，含静压箱、高效过滤器、散流器
H63	洁净回风口	600×350，含静压箱、中效过滤器、风口
H43	洁净回风口	400×300，含静压箱、中效过滤器、风口
GP63	高效回/排风口	600×350，含静压箱、中效过滤器、风口

图 4　负压手术室洁净空调风管平面图

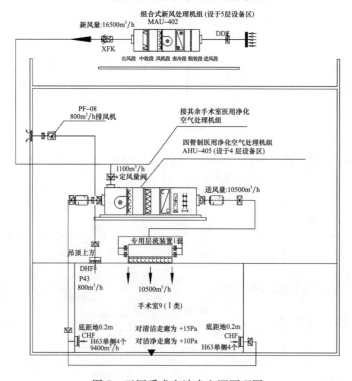

图 5　正压手术室洁净空调原理图

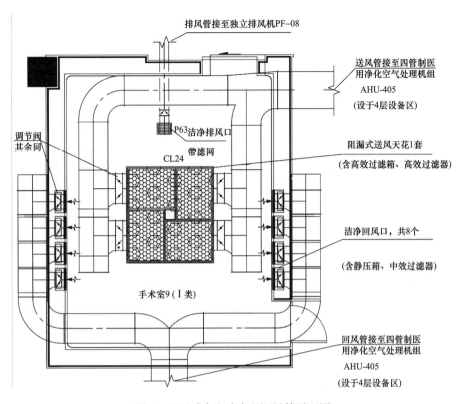

图 6　正压手术室洁净空调风管平面图

（5）由于 TOMO 治疗系统国内装机数量极少，要求其空调长期不关机、无故障运行，治疗室及服务器室分别采用 2 套风冷直膨式的精密空调系统，一用一备。治疗室的温度 20～24℃，相对湿度 30％～60％，主机散热量为 14.7kWh，需设置一个通到扫描架下方的出风口，设备要求空调出风口温度为 13℃，下出风口风量可调。服务器机房温度16～18℃，平时温度设定为 17℃，相对湿度 30％～60％，散热量为 5.3kWh。设置远程温度监视系统及温度报警器，保证服务器室的温度在任何时候（服务器关机除外）都不可超过 20℃。机房采用铅和混凝土浇筑，设置迷道，风管穿越时需要考虑防辐射外溢。

五、通风防排烟系统

（1）公共卫生间、电梯机房、设备房等设机械排风，换气次数见表3。

换气次数　　　　　　　　　　　　　　　　　　　　　　　表3

	换气次数（h⁻¹）	备注
公共卫生间	15	自然补风
电梯间	10	自然补风
配电房	15	平时排风兼做事故后排风，气体灭火后排风，自然进风
柴油发电机房	6	自然补风
制冷机房	12	平时排风兼做事故排风，联动气体泄漏报警系统，机械补风
水泵房	6	机械补风

（2）地下车库设机械排风兼排烟系统，火灾时排烟风量按 GB 50067—2014《汽车库、修车库、停车场设计防火规范》表 8.2.5 计算，且排烟量不小于表 8.2.5 中的值。采用双速轴流风机，平时以低速挡排风，火灾时切换至高速挡排烟。机房入口处的排烟防火阀要求与排烟风机连锁，当烟气温度超过 280℃ 排烟防火阀自动熔断，关闭时连锁关闭排烟风机。火灾时，有车道直通室外的防烟分区通过车道出入口自然补风，其余采用机械补风，补风量按大于 50% 排烟量设计。

（3）地上不能自然排烟的房间、走道设机械排烟系统，设置挡烟垂壁并合理划分防烟分区，排烟量按防烟分区每 m² 面积不小于 60m³/h 计算，系统排烟量按最大防烟分区每 m² 面积不小于 120m³/h 计算，通过外窗自然补风。排烟风机常闭，火灾时打开着火的防烟分区的电动排烟口、排烟风机进行排烟。风机入口处设防火阀，火灾时打开，当烟气温度超过 280℃ 时熔断，并连锁停止排烟风机的运行。

（4）不满足自然通风条件的防烟楼梯间、前室、合用前室均设置机械加压送风系统，楼梯间每 3 层设置自垂式百叶送风口，前室及合用前室每层采用电动常闭风口送风，加压风机设置在专用机房内，火灾时打开加压风机、着火层及其相邻层共 3 个电动常闭风口送风。

（5）设置气灭排风系统的房间，发生火灾时联动关闭该房间送、排风机及相应的电动防火阀，气灭结束后，打开风机及相应的电动防火阀排除有害气体。

六、空调系统运行控制策略

（1）本项目空调设置监控系统，监测与控制内容包括制冷主机、水泵、电动阀门等的启停、运行中的参数检测、参数与设备状态显示、故障与报警、自动调节与控制、工况自动转换、设备连锁与自动保护、能量计量以及中央监控与管理等。

（2）采用机组联控系统，根据负荷需求合理配置机组运行台数，结合机组的无级调速功能，实现冷负荷合理供给。

（3）冷水系统变流量及水泵变频控制：采用一级泵主机变流量系统。通过压差控制的方式，控制水泵的变频运行，实现末端和主机均能根据需要变流量，达到减少冷水输送能耗的目的。水泵变频的最低转速不得使系统流量小于离心式冷水机组最小允许流量。

（4）本项目集中空调运行云系统控制逻辑如下。

① 空调主机加减机：需要制冷时，先开启 1 台螺杆式水冷冷水机组。若机组运行电流与额定电流百分比大于设定值（90%），并且持续 10～15min，则开启另 1 台螺杆式水冷冷水机组，制冷高峰期，若机组运行电流与额定电流百分比大于设定值（90%），并且持续 10～15min，再开启屋面空气源热泵冷水机组；若每台机组的运行电流占额定电流的百分比之和除以运行机组台数减 1，如果得到的商小于设定值（80%），优先关闭屋面空气源热泵冷水机组。

② 空调主机控制要求：空调主机流量范围为额定流量的 40%～100%，允许流量变化率为至少每分钟 25%～30%。空调机组进水管设电动阀，连锁主机启闭。主机具有前馈控制和变流量补偿功能。

③ 冷水泵控制要求：冷水系统为一级泵变流量系统，所有水泵均为变频水泵，水泵启停台数独立控制。水泵供水口设电动阀，连锁启停。水泵变频为定压差方式控制，根据测定供回水主管之间压差值判定，若压差小于测定值，提高水泵转速，压差大于设定值，降低水泵转速。当水泵转速达到上限或下限时，仍不能满足要求，则增加或减少水泵运行的数量。水变频范围拟考虑为 60%～100%，实际变频范围由机组调试时确定。

④ 流量测定装置：在空调主机回水干管处安装电磁流量计。

⑤ 旁通阀控制：供回水旁通管之间设电动蝶阀，当主机回水干管处电磁流量计测定流量小于单台机组最小允许流量时，旁通阀开启。当电磁流量计测定流量大于单台机组最小允许流量时，旁通阀关闭。

⑥ 空调主机与冷水泵自适应调节：当加机时，机组命令相应的水泵启动，水泵先工频工作，再根据压差调节水泵转速。同时，2 台机组在控制系统管理下同时稳步加载，直至满负荷限定值。水泵的转速应能满足使系统流量略大于负荷端要求，使机组略小于满负荷限定值。当减机时，同理，相应水泵接收停止信号，水泵先工频工作，再根据压差调节水泵频率，最低限为 60%。同时剩余冷水机组根据出水温度自动调节负荷百分比。

⑦ 运行监测及故障报警：现场控制器直接采集水泵、空调主机的启停状态、故障报警状态和手动/自动切换状态，冷水供水水流开关信号等形象地显示在中央站计算机屏幕中。当本系统中变频器无法保证最小流量，或由程序判断出流量计出现故障，水泵变频逻辑将自动转为工频逻辑工作，根据供回水总管压差控制旁通阀开度，保证冷水系统稳定。

七、工程主要创新及特点

（1）空调系统根据项目特性采用部分热回收。空调主机制冷时进行热回收，单台空调制冷主机全热回收制热量为 1200kW，部分热回收制热量为 330kW。生活热水箱设在屋面，容积有限，仅为 10～30m³，考虑主机的能效，冷却水温度每升高 1℃，主机制冷效率下降 3%，热回收出水温度定为 45℃，由给排水专业设置太阳能、空气源热泵将热水提升至生活热水供水温度 60℃。非制冷季，空调冷水机组停机，太阳能、空气源热泵提供生活热水。图 7 为生活热水系统流程图。

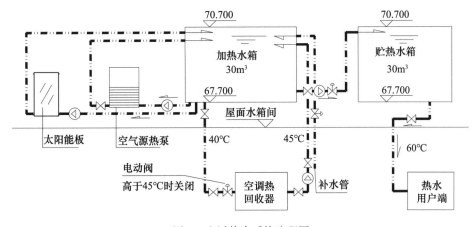

图 7　生活热水系统流程图

热回收方案对比如表 4 所示。

热回水方案对比　　　　　　　　　　　　　　　　　　　　　表 4

	热回收形式	主机制热量 （kW）	进水温度 （℃）	出水温度 （℃）	水箱容量 （m³）	完成时间 （min）
方案 1	全热回收	1200	20	45	10	14.5
方案 2	部分热回收	330	20	45	10	52.9
方案 3	全热回收	1200	20	45	30	43.6
方案 4	部分热回收	330	20	45	30	158.6

方案 1~3 的运行时间均小于 60min，系统在热回收及冷却水之间的转换时间过短，考虑到冷水机组的运行稳定，选择方案 4，采用部分热回收，同时设置 30m³ 水箱，保证空调系统节能、高效、稳定运行。通过以上分析可知，如盲目采用全热回收，由于结构荷载不允许设置大容积水箱，热回收量少，会导致制冷机组从启动到停机（或耦合到冷却塔散热）时间过短，不利于系统的安全、稳定。故本项目热回收不以牺牲空调主机能效及运行安全比为代价，实行按需回收的原则。

（2）地下室设置了相关医技用房，其通道及候诊区与室外相通，项目所在地每年冷暖交替季节有短暂多次（约 3~5d/次）的"回南天"，东南风从海洋上带来高湿气流（相对湿度达到 90%），经过一个冬季，建筑物内物体的表面温度远低于该气流的露点温度，产生大量凝水。空调除湿难以满足要求，且空调除湿的同时会降低室内温度，造成病人体感不舒适。除湿机除湿的同时其热量散发在室内，提高室内的温度，使其表面温度高于露点温度，防凝水的效果显著，因设备安装空间有限，且每年使用率不高，设计采用 8 台移动式除湿机，避免"回南天"地下室医技用房的通道及候诊区出现因结露造成霉变，"回南天"过后除湿机移至仓库存放，节省空间。

（3）手术部空调水系统采用四管制，空气源热泵机组同时提供空调冷热水，热水用于净化空调除湿后的再热，避免用电加热进行再热，节能、环保。

第 5 届 "金叶轮奖" 暖通空调设计大赛

威海南海奥林匹克中心

- 建设地点： 山东威海
- 设计时间： 2019 年 3 月—10 月
- 竣工时间： 2020 年 6 月
- 设计单位： 山东华科规划建筑设计有限公司
- 主要设计人： 常丽娜　田彦法　秦　强
  常明刚　李　达　周明军
- 本文执笔人：田彦法　常丽娜

作者简介：

田彦法，工程技术应用研究员，注册公用设备工程师（暖通空调＋动力＋给水排水），注册人防一级防护工程师（暖通＋防化），现任山东华科规划建筑设计有限公司设备专业总工程师。中国勘察设计协会建筑环境与能源应用分会理事。完成各类建筑工程暖通专业设计百余项。获授权国家发明专利 3 项，实用新型专利 11 项，软件著作权 1 项。

一、工程概况

威海南海奥林匹克中心是山东省威海市南海新区的标志性项目，用于承接国家级和国际级体育赛事的高水平训练基地和赛事场馆，按照奥运会比赛标准和国际赛事转播标准建设，项目效果图见图 1。

图 1　项目效果图

场馆用地面积 13.19 万 m²，建筑面积 4.48 万 m²。建有综合比赛馆（以乒乓球为主）、乒乓球训练馆、羽毛球训练馆等体育场馆，不仅为南海新区居民提供健身和休闲场所，还为乒乓球国家队常驻开展训练和组织竞赛提供保障。

综合比赛馆地下 1 层，为设备用房。地上 3 层，1 层中间为乒乓球比赛大厅及观众坐席，周围布置新闻办等配套房间，东侧为训练厅兼做临时舞台；2 层为门厅、疏散平台、空调机房等；3 层为控制比赛用的办公房间和排烟机房等。比赛馆设固定座席 3405 个，临时座席 981 个。羽毛球训练馆中间为训练大厅，南北两侧为 2 层的办公和配套用房；乒乓球训练馆 2 层均为训练大厅，周围设置办公和配套用房。

本工程设有冷暖两用集中空调，冬季辅以散热器供暖，满足室内温湿度和小球速度场的需求。夏季空调尖峰冷负荷 5500kW，单位面积冷指标 158W/m²；冬季空调总热负荷 4760kW，单位面积热指标 140W/m²。供暖空调通风系统总造价约 1750 万元，单位面积造价 390 元/m²。

二、暖通空调系统设计要求

1. 设计参数确定

体育馆空调为舒适性空调，根据现行国家和山东省地方标准，结合中国乒乓球协会和国际乒联的运营要求，主要场所设计参数如表 1 所示。

主要场所设计参数　　　　　　　　　　　　表 1

	夏季			冬季			新风量 [m³/(人·h)]	允许噪声 (dB)
	温度 (℃)	相对湿度 (%)	气流速度 (m/s)	温度 (℃)	相对湿度 (%)	气流速度 (m/s)		
比赛大厅	25	55~65	<0.2	18	≥30	<0.2	15	≤45
观众席	26	55~65	—	20	≥30	—	15	≤45
训练厅	25	55~65	<0.2	18	—	<0.2	15	≤45
新闻发布厅	25	≤60	—	18	—	—	20	≤45
贵宾休息室	26	≤60	—	20	—	—	50	≤45
会议室	26	≤60	—	20	—	—	14	≤50
办公室	26	≤60	—	20	—	—	30	≤50

注：乒乓球的高度范围取距地 3m 以下。

2. 功能需求

根据项目建设方的运营使用要求，本奥林匹克中心主要使用功能为乒乓球比赛馆和乒乓球、羽毛球的训练馆及新闻办、休息室等配套用房。空调系统设计应满足乒乓球、羽毛球类运动场所对室内空间的温度场和速度场的高标准要求，还应兼顾比赛大厅内赛事转播对环境噪声的要求及经济运行的需求。

3. 设计原则

（1）本着安全、可靠、舒适、先进的原则，满足乒乓球场馆的高标准要求。

（2）秉承高效、经济、节能、协调的原则，贯彻绿色低碳可持续发展理念。

三、暖通空调系统方案

1. 空调通风系统形式

比赛馆、训练馆均采用一次回风全空气变风量的空调方式；运动员和裁判员休息室和新闻办等配套房间均采用风机盘管加新风的空调方式。

（1）比赛馆由比赛大厅、观众席、活动舞台三部分组成。比赛大厅和观众席的气流组织均采用上送下回方式：送风管设置在比赛大厅和观众席区域上方网架下，比赛大厅在首层看台下侧墙回风，观众席区采用座椅回风；活动舞台的气流组织采用侧送下回方式，回风口分散设置于距离舞台地面 0.3m 处，送风风管设置于活动舞台四周距离舞台地面 12.8m 处平台下方。

（2）训练馆的气流组织采用上送下回方式，回风口分散设置于距离地面 0.3m 处，送风管设置于场馆网架下方或结构顶板下方。

（3）空调送风管均采用荷载小且均压好的纤维织物复合风管，通过空气分布系统的开孔设计满足小球比赛和训练的风速要求。

（4）全空气系统回风量与新风量的比例可通过设置在新风管、回风管和排风管段上的电动调节阀连锁调节，过渡季节实现全新风运行。

（5）采用 10℃温差的露点送风，以减少风机能耗。

（6）比赛馆、训练馆均结合机械排烟设置机械排风系统，上部排风可消除占灯光照明 65% 的对流散热形成的冷负荷。

（7）配套房间的新风采用全热回收的新风换气机，排风热回收设有旁通管，根据新风焓值与室内焓值的差值，启闭旁通管路上的电动阀。

（8）空调末端处理设备的选型：按照设计供回水温度与样本对应的额定工况进行修正，并按计算负荷适当放大。

2. 冷热源和空调水系统制式

依据项目的能源条件，本着技术成熟、适合体育场馆的业态特征和使用规律，在满足场馆内温湿度、速度场、噪声级等标准的情况下，实现全寿命期的经济安全和便于管理，经分析并经建设单位认可，确定本项目的冷热源形式为：2 台 2637kW 的变频离心式冷水机组为冷源；市政热网提供的 95℃/55℃一次热水为热源。能源站设计为高效机房。

（1）结合体育场馆的空气处理热湿比特性和全空气的空调方式，夏季冷水机组的设计进出水温度为 14℃/7℃；冬季一次热网通过换热器后，二次侧设计供回水温度为 60℃/45℃。

（2）冷却塔进出水设计温度为 34℃/29℃。冷却塔选型按设计参数进行修正，冷却塔的进水喷头保证小流量时的布水均匀。

（3）采用冷水机组变流量一级泵系统制式，选择为蒸发器允许流量变化范围和允许流量变化率均较大的变频离心机组。

（4）选用性能曲线为陡降型的循环水泵，选择慢开慢关型的电动蝶阀，与冷水机组容量控制响应一致的速度开闭。

（5）选用超低阻力的阀门、阀件（篮式过滤器、静音止回阀），机房内水系统管路优化（顺水流方向斜向插入式连接及钝角弯头）；末端系统只在水平干管根部加篮式过滤器，风机盘管等不再设 Y 形过滤器等一系列措施，降低输配能耗。

（6）组合式空调器表冷器回水管上设变占空比的双位控制阀，在冷热模式下根据送风温度，调节一定时间段内的冷热水过流总量。

（7）冷水系统循环泵、热水系统循环泵、冷却水泵及冷却塔风机等均采用全变频电动机。

（8）场馆内冬季辅以散热器供暖系统。

四、通风及排烟系统

1. 通风系统

（1）为排除结构网架下方因灯光等因素产生的热量，比赛馆、训练馆均结合机械排烟系统设置机械排风系统，通风换气次数为 $2.5h^{-1}$。所有排风风机均为排烟、排风合用，排风系统在非空调时通风运行。

（2）各个场馆内带外窗小房间均设置可开启外窗，过渡季节可实现自然通风。

（3）各个场馆内无外窗的房间，制冷机房、变配电室、水泵房、电梯机房、公共卫生间等机房场所均设置机械排风系统及相应补风系统。

2. 排烟系统

（1）比赛馆

① 比赛馆中的比赛大厅、观众席、活动舞台区域属于净高大于 6m 的高大空间，采用机械排烟和机械补风系统。

② 面积超过 $50m^2$ 且人员经常停留的无窗房间、长度超过 20m 疏散走道，采用机械排烟系统；面积超过 $100m^2$ 且人员经常停留的有外窗房间，采用外窗自然排烟。

③ 比赛馆 2 层观众门厅等无法满足自然排烟的区域，采用机械排烟系统、自然补风系统（采用疏散门自然补风）。

（2）训练馆

训练馆中的训练厅属于净高大于 6m 的高大空间，采用机械排烟系统、自然补风系统（采用疏散门自然补风）；训练馆中长度超过 20m 疏散走道，采用机械排烟系统；面积超过 $100m^2$ 且人员经常停留的有外窗房间，采用外窗自然排烟。

五、控制系统

本工程空调通风系统设置与体育馆工程相适应的集中监控系统，为楼宇自控系统（BA）的子系统。暖通专业给出了空调系统详细的控制点位及控制逻辑，与智能化深化设计公司密切沟通，确保设计控制策略有效实现。按常规成熟的自控措施设置冷热源机房群控、空调末端 DDC 控制、一级泵压差旁通控制、循环水泵和风机变频控制、全热回收机组自动控制和风机盘管区域集中控制等。

按节能标准、运维要求进行空调冷热量计量、主要暖通空调设备用电分项计量，有利于优化运行管理和行为节能。通过直接数字式监控系统（DDC），实现参数监测、设备状态显示、冷热源及空调设备的自动启停机、负荷调节及运行模式的优化控制、中央监控与管理等，在空调值班室能显示、打印空调、通风、冷水机组、板式换热器、循环水泵等各系统设备的运行状态及主要运行参数。

六、运行策略

1. 馆内环境调节

（1）3个运动场馆的空调系统设计均兼顾场馆内满负荷运行情况和部分负荷条件，具有灵活的可调性，以满足比赛和平时训练使用。观众区、比赛场地、训练场地均按照多分区多系统的原则合理布置，设置多台空调器和对应系统划分，可根据室内负荷情况，灵活启停运行的空调器台数。乒乓球比赛馆内的训练厅另设置独立的空调系统，以适应不同训练时室内热湿环境要求。

（2）场馆在夏季使用时，采用"预冷"的方式，提前开启空调系统运行，在工况稳定后适当关闭部分空调器，利用围护结构和室内设施的蓄冷能力减小场馆的高峰负荷。如非最热月使用，可加大室外新风量（同时对应加大排风量），尽量利用室外新风自然降温。

（3）场馆在夏季使用时，训练馆仅作为全民健身功能时，在对温湿度要求不太高的前提下，可通过夜间强力通风的方式消除场地余热余湿，以降低空调能耗。

（4）为了维持稳定的室内正压，又能使全年新风按需要调节，本项目设置了双风机空调系统，在过渡季节实现全新风运行。

2. 制冷机房调适

（1）根据室外气象参数和馆内人员变化，调整空调系统供水温度的设定值。夏季赛后场馆内人员较少，且室外干湿球温度高于设计工况时，结合空气处理过程中热湿比变大的特性，适当调整系统供水温度高于 7℃，可提高机组和系统的能效。

（2）根据场馆内人员的变化，空调系统供回水温差会对应变化，适时调整循环水泵的运行频率控制，在满足赛后场馆内热湿环境参数的同时，可降低输配能耗。

（3）根据比赛和平时空调系统各分支环路的实际负荷需求，对各场所的水路系统进行对应的静态水力平衡调试和动态的水力平衡调适，避免造成能源浪费。

七、工程主要创新及特点

1. 温度场和速度场的控制

乒乓球比赛馆、训练馆和羽毛球训练馆均采用一次回风全空气变风量的空调方式，并辅以散热器供暖。设计前期采用 CFD 对场馆内风环境进行模拟数值计算和图像的显现，研究和优化气流组织形式。

敷设在钢结构网架下的空调送风管采用荷载小且均压好的纤维织物复合风管，对设在球桌上方、运动员活动区上方以及观众席上方的风管，进行专项空气分布系统的送风开孔设计（孔径、密度、开孔方向等），比赛大厅在首层看台下侧墙回风，观众席区采用座椅回风，以满足在室人员的舒适度要求和运动区小球的速度场标准需求。

2. 高效节能的能源站设计，综合 *SCOP* 达到 5.512

（1）主机供回水温度由常规 7℃/12℃，优化为 7℃/14℃ 的大温差供冷，能效系数提升了 9%。系统循环水水流量减小 40%，水泵耗电功率降低 30% 以上。

（2）山东省威海市夏季空调计算湿球温度为 25.7℃，冷却水进出水温度由 32℃/37℃ 调整为 29℃/34℃（按 3.3℃ 的冷幅），机组能效提升 5%。

（3）选用性能曲线为陡降型的循环水泵，水泵的性能曲线与管网特性更易于匹配，保证水泵效率≥80%。

（4）采用冷水机组变流量一级泵系统。冷水循环泵和热水循环泵采用水泵加变频的方式（变频范围为 25～50Hz）；冷却水泵选择变频水泵（变频范围为 5～50Hz）。

（5）冷凝水收集用作冷却塔的补水，可以减少冷却塔约 30% 的补水量，降低冷却水温度 0.5℃，提高制冷机组 1% 的效率。

3. 技术攻关

（1）针对大型公共建筑中应用的组合式空调器，设计团队进行了一系列的研究开发，既要保证温湿度调节、满足新风量对空气品质的改善，又要避免通过空调系统造成交叉污染，还要兼顾节能降耗。通过工程实践，申报了 2 项国家发明专利（一种多层次热回收组合式空气处理器及其空气处理方法，专利号 201611258696.3；一种分质热回收冷剂过冷再热空调器及其空气处理方法，专利号 201611264116.1），并获授权。

（2）设计团队组成 QC 质量攻关小组，探究一系列的技术措施，降低空调系统的输配系统阻力，提高系统能效。申报实用新型专利——一种节能型空调水系统调控装置，专利号：ZL202022056248.3。该项课题获得山东省工程建设优秀 QC 成果二等奖。

4. 专业协调

（1）比赛厅下回风管与看台的协调

比赛大厅看台下侧墙的回风和观众席区的座椅回风，需要通至 2 层的空调机房内，大型回风管的布置需与看台下的不规则空间进行协调。通过 BIM 建模，对各类管线进行巧妙安排，实现了复杂空间的高效利用。

（2）排烟口与外立面的协调

场馆外墙外挂铝板，铝板的圆形开洞孔径和密度为自下而上递减的趋势。经对比分析，排烟机房正对的铝板采用开防雨百叶的方式，将百叶内部的墙体颜色刷成与铝板同色，满足了排烟与外观效果的双重要求。

（3）比赛馆上空风管与马道吊杆的协调

比赛馆马道通过吊杆与钢结构网架连接，比赛馆上空的排烟风管为宽度超 2.0m 的大风管，而空调纤维织物风管是工厂定做后到现场安装。通过风管和马道吊杆的专项定位设计，保证风管顺利从吊杆之间正常穿过。

5. 减振降噪

采用局部浮筑隔振、复合减振基础、减振支座、弹簧减振支吊架等措施对噪声和振动进行控制，满足了赛事转播对本底声音环境的标准要求，取得了较好的比赛、训练和观赏效果。

为控制设在室外广场上的冷却塔噪声对环境的影响，对风扇的噪声处理做了精细的计算，选择超低噪声的风机，并对噪声频率、发声方向，在不影响整体冷却塔散热的条件下，设置了框架式的消声装置（消声框），达到了环评要求，为项目带来了较好的环境效益。

八、工程成效与总结

1. 室内环境实测

经设计团队对乒乓球比赛馆和训练馆的精心设计和现场服务，场馆内的温度场、速度场、噪声级均达到了相关规定的技术标准。本场馆运行以来，国家乒乓队邀请权威机构进行检测，比赛厅和训练馆内 3.0m 高度以下空间的气流速度均在 0.2m/s 以下，且夏季室温均在 25℃ 以下，冬季室温均在 20℃ 以上。满足了室内人员温湿度的舒适度要求，达到了相关规范对乒乓球和羽毛球比赛的风速要求。室内环境条件优越，有效地保证了场馆的正常运营和乒乓球运动员的高水平竞技状态。

2. 空调能源站能耗测算

经运行实际测算，空调能源站按高效机房设计，初投资成本增加不到 15%，但运行费用每年可节省 20% 以上。通过变频措施和有效控制，全年单位面积的空调用电量约为 $30kW \cdot h/m^2$，单位面积的空调用热量约为 $0.33GJ/m^2$，单位面积的碳排放量为 $60kg/m^2$，均低于北方地区同类项目的能耗值和运行费用。

海河医院甲楼传染病区等改扩建工程

- 建设地点： 天津市
- 设计时间： 2020 年 6 月—11 月
- 竣工时间： 2023 年 3 月
- 设计单位： 天津大学建筑设计规划研究总院有限公司
- 主要设计人：涂岱昕、张　强、夏宏伟
- 本文执笔人：涂岱昕

作者简介：

涂岱昕，博士，注册公用设备工程师（暖通空调）。主持过几百项民用建筑的暖通空调设计，涉及民用建筑的各个领域，涵盖医疗、超高层办公、大型商业综合体、学校、图书馆、博物馆、体育馆及住宅等各种类型。先后荣获过省部级及以上优秀设计奖 40 项，其中暖通专业单项奖 10 余项。在核心和重要期刊上发表论文 10 余篇，其中 EI 检索 2 篇。

一、工程概况

海河医院甲楼传染病区等改扩建工程位于海河医院现有用地范围内。本工程总建筑面积 33033m²，夏季空调冷负荷 6012kW，冷负荷指标为 182W/m²；冬季空调热负荷 8000kW，热负荷指标为 242W/m²，空调工程投资概算 3095 万元，单方造价 950 元/m²。

1. 增建甲类烈性传染病住院楼

本楼平时为结核病等呼吸类传染病楼，功能主要包含 180 床负压病房、20 床重症监护病房、1 间负压手术室以及接诊检验会诊及相关辅助用房。本楼地上 8 层，1、2 层高均 5.1m；3～8 层均 4.5m；局部地下 1 层，层高 5.4m；建筑高度 41.7m，总建筑面积 19080m²。地上建筑面积 18070m²，地下建筑面积 1010m²，地下 1 层功能为设备用房。

2. 甲楼修缮工程

甲楼作为目前院区内收治确诊病例的住院楼，2003 正式使用。目前接诊能力为 120 床，本次修缮设计包括：排水系统、智能化系统、符合传染病设计相关规范的通风空调系统等。修缮建筑面积 9850m²，地上 4 层，首层、4 层层高均 4.8m；2、3 层层高均 4.0m。

3. 新建感染疾病门诊楼

建筑面积 3770m²，主体地上 3 层，层高均 5.1m。首层为发热门诊及肠道门诊；2 层为 2 间重症病房及 4 间观察室，北侧为 PCR 实验室；3 层为 14 间发热门诊观察室。首层发热门诊设置分诊、挂号收费、药房、诊室、检验、CT、DR、抢救等功能房间，肠道门诊设挂号收费、药房、诊室、检验、输液室等功能房间，两部分分区设置。2 层设置 4 间留观室、2 间重症室，北侧设院区 PCR 检验室。3 层设 14 间留观室，医护区设置护士站、医生办公等功能房间。留观室、重症室均为负压隔离病房。

4. 新建动力中心

地下 1 层为制冷机房；地上为锅炉房、10kV 变电站、值班室等。

二、暖通空调系统设计要求

1. 冷、热源形式

根据建设方要求，采用电制冷＋燃气热水锅炉的形式。

（1）冷源：设计选用 3 台变频离心式电制冷机组，夏季提供 7℃/12℃空调冷水；其中 1 台为热回收型，可回收冷凝器侧热量用于预热生活热水。

（2）冬季内区冷源：采用冷却塔供冷，一次侧供/回水温度 9℃/14℃；二次侧供/回水温度 10℃/15℃。

（3）热源：设计选用 3 台常压燃气热水锅炉，一次侧热水 80℃/55℃，换热后产生 60℃/45℃的二次空调热水。

2. 空调水系统

（1）冷水系统一级泵变流量系统，冷源侧、负荷侧均变流量；热水系统变流量；

（2）异程式系统，竖向不分区。外区两管制；内区四管制。

3. 净化空调风系统

（1）手术部

① 负压手术室为Ⅲ洁净手术室；其余房间均为Ⅳ级洁净辅助用房，均采用直流式系统，新风负担全部空调负荷。

② 划分为 3 套系统：系统 1，负压手术室；系统 2，护士站及各库房；系统 3，苏醒、换床及卫生通过。

③ 气流组织：负压手术室采用上送下排的气流组织形式，平行于手术台长边方向两侧均设下排风口；患者头部位置设上排风口；护士站、苏醒、换床及卫生通过等采用上送风下排风；库房、走廊采用上送风上排风。负压手术室排风布置如图 1 所示。

（2）PCR 实验室

加强型医学 BSL-2 实验室采用直流式系统，新风负担全部空调负荷，各房间净化级别均为 8 级。PCR 实验室送排风布置如图 2 所示。

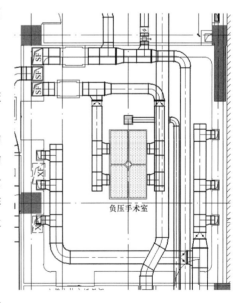

图 1　负压手术室送排风布置示意图

① 送风系统：划分为 2 套空调系统。样品制备区（新冠）、内走廊及缓冲室二为内区空调系统；其余房间均划分为外区空调系统。

② 排风系统：划分为 6 个排风系统，试剂准备区及缓冲室一；样品制备区（结核）及缓冲室三；扩增区及缓冲室四；产物分析区及缓冲室五、六；样品制备区（新冠）及缓

冲室二；内走廊。气流组织均为下排风。

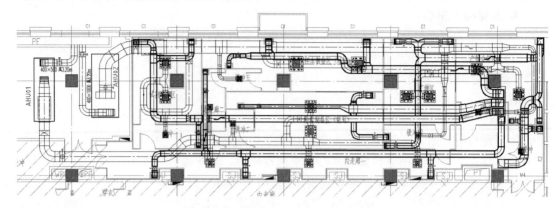

图 2　PCR 实验室送排风布置示意图

（3）送风均经粗、中、高三级过滤、冷热、再热加湿处理；排风口处均设高效过滤器。

（4）采用直膨机作为冷热源，回收冷凝器侧热量用于送风的再热。

4. 舒适性空调风系统

（1）负压隔离病房：当甲类传染病暴发时采用直流式系统，新风负担全部负荷；非疫情时（用于结核病收治时），采用风机盘管或多联机（过渡季）＋新风的空调方式。其余房间、走廊等均采用风机盘管或多联机＋新风的空调方式。

（2）送、排风系统均按清洁区、半污染区和污染区分别独立设置。

（3）新风系统：新风机组均在新风机房内，机房均位于清洁区。新风由室外直接引入，经粗、中、亚高效三级过滤，冷（热）（热回收）及加湿处理后，送至各房间。

（4）排风系统：半污染区、污染区的排风机组均设在屋顶，位于排风系统的末端。半污染区、污染区排风机组内设紫外线杀菌（热回收）及高效过滤器段。排风出口均设锥形风帽，排风口高于 15m 范围内建筑物高度 3m 以上。

（5）气流组织：病房、诊室及检修间等半污染区、污染区的排风口设在房间下部，气流组织为下排风；其余为上排风。其中，负压隔离病房的排风口均采用生物安全高效排风单元。病房下排风；卫生间及污染走廊上排风。

（6）各送、排风支路均设电动密闭阀。送风支路均设定风量阀；病房、污染走廊排风支路均设变风量阀；其余排风支路均设定风量阀。

（7）负压隔离病房与半污染区走廊间的缓冲间、污染区的脱衣间：设吊顶式高效自净化机组和送、排风，自净化机组循环风量按 $60h^{-1}$ 设计，机组内设粗、高效过滤器，送、排风支管均设定风量阀。

三、暖通空调系统方案确定

普通住院楼的空调通风系统设计主要考虑人员住院时常规使用功能的通风设计，而传染病医院的空调通风系统设计需严格按照清洁区、半污染区和污染区分别独立设置，同时存在大量病毒密度较高的房间，针对这些房间，良好的气流组织及压力梯度对医护人员的防护至关重要，暖通系统设计时不仅要满足室内温湿度的要求，还需要满足气流组织、压力梯度的要求，因此对此类建筑的空调通风系统设计提出了更高的要求。

传染病医院设计中，"安全卫生"放在首位，通风系统设计最为关键。相邻、相通区域（房间）间要建立空气的压差梯度，防止污染物通过缝隙由污染一侧进入防止污染一侧。

首先，围护结构气密性非常关键，设计中选择气密性好的材料。本设计中，外围护结构气密性符合 GB/T 7106—2019《建筑外门窗气密、水密、抗风压性能检测方法》中 7 级。内围护结构气密性：缓冲间与病房的门下边缝隙为 10mm；其余门均为 3mm；固定窗本身及与其他部位之间不得留有缝隙。

其次，管线封堵，所有管线穿越房间的缝隙均应采用不燃材料严密封堵，不得留有缝隙，缝隙之间填密封胶，两侧设挡板。

最后，缝隙漏风量计算，根据房间两侧压差、缝隙面积等参数计算漏风量，同时综合考虑风道漏风量及风机、风阀的偏差，得出设计漏风量。为验证设计结果，用 Contam 软件对多区建模并进行风量平衡分析、压力模拟，校核并调整设计漏风量。

四、通风防排烟系统

1. 防烟系统

（1）采用自然通风的防烟楼梯间，在外墙上每 5 层内设置面积不小于 $2m^2$ 的可开启外窗，布置间隔不大于 3 层，并在最高部位设置面积不小于 $1m^2$ 的可开启外窗，开窗面积满足规范要求。

（2）采用机械加压送风的防烟楼梯间，送风量满足规范要求。楼梯间设固定百叶风口。楼梯间顶部设不小于 $1m^2$ 的固定窗；靠外墙的防烟楼梯间，在外墙上每 5 层内设置总面积不小于 $2m^2$ 的固定窗。

2. 机械排烟系统

（1）不满足自然排烟的房间及走道采用机械排烟，根据 GB 51251—2017《建筑防烟排烟系统技术标准》规定划分防烟分区，并计算排烟量，设计排烟量不小于计算排烟量的 1.2 倍。

（2）火灾补风：地下内走道设机械补风，风量满足规范要求。

（3）所有防、排烟及火灾补风设施均放置于专用机房内。

3. 自然排烟系统

除需要机械排烟的场所外，其余所有房间和走道均采用自然排烟，自然排烟的场所设自然排烟窗，开启面积及开启高度均满足规范要求。

五、控制（节能运行）系统

1. 冷热源自控

传染病医院空调负荷大、使用时间长，良好的自控系统是节能、减少后期运行费用的重要保障。设计中采用全变频系统，即冷水机组、冷水泵、冷却水泵均变频调节，冷却塔风扇变频调节。自控系统以制冷站整体效率为目标来制定控制策略，采集冷水、冷却水供回水温度、流量、机组负荷率，室外气象参数等参数。通过运行数据库的分析，结合历史趋势构成一套自寻优和自适应的控制策略，可自动跟踪环境与负荷的变化，动态调节系统的运行参数，推算出系统该时刻所需要的冷量及系统的优化运行参数，并利用变频技术，自动调节冷水机组、水泵的转速，以调节空调水系统的循环流量，确保空调主机、冷水系统、冷却水系统、冷却塔风机等全系统协调、匹配地运行，在任何负荷条件下，使系统运行在高效区域。

2. 各房间正负压差控制

综合考虑建设方需要、投资等因素确定控制策略。

（1）病房、污染区走廊等：定送风、变排风，排风管道上设变风量阀，自控系统根据房间压差值自动调节变风量阀开度，维持压差恒定。

（2）其余房间：送、排风支管均设定风量阀。清洁区每间房间送风量大于排风量，风量差不小于 $150m^3/h$；污染区每间房间排风量大于送风量，风量差不小于 $150m^3/h$。

（3）各房间均设机械式正负压微压计，显示房间压差值。微压计置于各不同压力环境分隔处的高压侧，距地 1.5m 高处，并标识出安全范围。

（4）负压病房、负压隔离病房。

① 病房最低排风量控制：在压差控制相关区域门窗均处于关闭的条件下，完成压差控制系统静态调试，以此确定病房最低排风风量，并设定为动态工况的调节风量下限。

② 病房排风量调节：考虑到内走廊在动态运行中压力值相对稳定，基于病房与内走廊的压差对病房排风量进行调节控制。

③ 延迟调节：动态运行中医护人员进入病房会造成病房压差短暂波动，为避免频繁调节而造成的系统震荡，病房排风量应进行延迟调节设置。于缓冲间与内走道、病房与污染走廊这两道门设置门磁开关，当这两道门任何一个处于开启状态时变风量阀在确保最小允许排风量前提下停止动作。待门关闭后恢复压差控制逻辑。

六、工程主要创新及特点

（1）手术室、PCR 实验室等对室温有精度要求的房间：冷却除湿后需要再热，空调采用带冷凝热回收的直膨式机组，夏季回收冷凝器侧热量对新风再热处理，满足室温的要求。

（2）气流组织：传染病医院通风空调设计要充分了解医院的医护流程和使用习惯。

① 半污染区、污染区诊室、病房等医用房间采用上送风、下排风。送风口布置在医护人员的头部，排风口布置在对面的下侧，尽量靠近污染源。

② 其余房间上送风、上排风。

③ 病房送风口采用双层百叶风口，设主、次两个送风口，分别位于医护人员操作位置和病人脚部，排风在对面的下侧，靠近病人头部，形成"围帘"式气流组织。

（3）新风热回收：传染病医院新风量大，半污染区、污染区负压，其排风量大于送风量。在该项目设计时，与建设方沟通后，确定在新建住院楼半污染区、污染区的新、排风间设热回收，热回收采用液体连接式能量回收方式，介质为乙烯乙二醇溶液。

（4）本次设计为该医院第五期项目，原先四期项目的冷热源随各期项目建设，比较分散，不易于管理。经与建设方协商，在院区西北侧设一处集中的动力站，地上为锅炉房，地下为制冷机房。迁移现有锅炉至新锅炉房，热源统一管理。地下室除布置本次项目的冷源外，四期项目制冷机组也设在该动力站，同时预留空间及配电等安装条件。根据院方计划，远期可将一～三期冷源设备（总冷负荷约 6000kW）迁至该动力站，以便统一管理。设计中考虑吊装孔位置，荷载；通道宽度满足后期进出设备的要求。各期冷热源之间设连接母管。其中四期项目冷源为 2 台螺杆式制冷机组，单台制冷量 743kW，可在夏季低负荷时使用。

中国大运河博物馆

- 建设地点： 江苏省扬州市
- 设计时间： 2018 年 9 月—2019 年 8 月
- 竣工时间： 2021 年 6 月
- 设计单位： 中国建筑西北设计研究院有限公司
- 主要设计人：陈岗锋　殷元生　赵　民
　　　　　　　薛　洁　王　凡　孟晨阳
- 本文执笔人：陈岗锋

作者简介：

陈岗锋，大学本科，正高级工程师，就职于中国建筑西北设计研究院有限公司，一直从事本行业设计工作。曾获中国勘察设计协会一等奖 2 项，二等奖 2 项，三等奖 1 项。《暖通空调》杂志发表文章 2 篇。

一、工程概况

项目建设地点为江苏省扬州市，总建筑面积 79182m²，由中国大运河博物馆、大运塔两座独立建筑及相互连接的今月桥组成。中国大运河博物馆地下 1 层、地上 2 层，北侧局部 6 层，建筑高度 23.98m；大运塔地下 1 层、地上 9 层，建筑高度 99.9m。中国大运河博物馆建筑功能：地下室有文物库房、汽车库、设备用房、儿童体验区、职工餐厅等；地上 1～2 层为序厅、主题展厅、非遗剧场、文创商店等，设有常设展厅 2 个、特殊展厅 1 个、数字展厅 1 个、专题展厅 6 个、临时展厅 2 个；地上北侧 1～6 层为考古工作站和大运河文保中心，南侧屋面为阅江厅。大运塔建筑功能：地下室为卫生间、设备房，底层为游客服务，2～7 层为观光楼层，8 层、9 层为观光大厅。见图 1。

图 1　项目外景图

建设标准：国家一级博物馆、5A 级景区，绿建三星。空调工程投资概算为 2400 万元。单位面积造价为 303 元/m²。冷热负荷统计指标（冷负荷不含潜热负荷）如表 1 所示。

冷热负荷统计及系统形式　　　　　　　　表 1

	系统形式	空调显热冷负荷（kW）	单位面积冷指标（W/m²）	空调热负荷（kW）	单位面积热指标（W/m²）
文物库区	空气源热泵恒温恒湿系统	730	146	325	65
考古工作站、大运河文保中心	多联机系统	1050	210	540	90
展区、餐饮、大运塔等其他区域	集中空调系统	10068	260	4647	120

二、暖通空调系统设计要求

1. 设计原则

中国大运河博物馆在空调方案设计时，融入节能环保、绿色低碳的理念，充分利用电厂排汽余热、空气能可用资源。结合本项目各功能区域的室内环境、运行时段、管理要求等，合理设置多种系统形式：文物库区恒温恒湿空调系统、多联机空调系统、专用空调、集中空调系统等。

2. 空调室内设计参数

主要工艺房间室内设计参数见表 2、3，其他室内参数表 4。空调冷热负荷统计及系统形式见表 1。

文物库室内设计参数　　　　　　　　表 2

	温度（℃）	相对湿度（%）	新风换气次数（h⁻¹）
文物库 1～4	20±1	55±2	0.5
文物库 5、6	20±1	45±2	0.5
文物库 7、8	20±1	55±2	0.5
临时库	20±1	45±2	0.5

临展厅室内设计参数　　　　　　　　表 3

夏季			冬季			新风量 [m³/（人·h）]
温度（℃）	相对湿度（%）	平均风速（m/s）	温度（℃）	相对湿度（%）	平均风速（m/s）	
24±2	45～55	0.25	20±2	45～55	0.15	20

室内设计参数

表 4

| | 夏季 | | 冬季 | | 新风量 | A 声级噪声 |
	温度（℃）	相对湿度（%）	温度（℃）	相对湿度（%）	[m³/(人·h)]	(dB)
临展厅	24±2	45～55	20±2	45～55	20	≤50
修复、鉴赏室	24±2	50～60	20±2	50～60	30	≤50
办公室、研究室	24～27	55～65	18～20	≥35	30	≤45
会议室	25～27	≤65	18～20	≥35	25	≤35
休息室	25～27	≤65	18～22	≥35	30	≤45
展厅	25～27	45～65	18～20	35～50	25	≤55
文保技术用房	25～27	45～65	18～20	≥35	30	≤45
餐厅	25～27	≤65	18～20	≥35	25	≤55
门厅	26～28	≤65	16～18	≥35	10	≤55
观众厅	24～26	50～70	16～20	≥30	20	≤30
舞台	25～27	40～65	18～20	≥30	30	≤45
贵宾接待室	24～26	40～65	18～20	≥30	50	≤35

3. 文物库区空调

文物库区设有珍品库 2 个、暂存库 2 个、普通库 6 个。各库文物藏品类型及温湿度需求不同，分别设置恒温恒湿空调系统，各库区自成体系，独立运行，空调系统均为空气源热泵式恒温恒湿机组。

4. 专用空调

工艺用房如安防控制室、消防控制室、网络机房、非遗剧场灯控、声控室等，根据工艺要求，设置多种空调形式。安防控制室、消防控制室、网络机房设置风冷式机房专用空调；非遗剧场灯控、声控室设置多联机空调。自带冷热源，室外机的摆放结合景观设计，置于 1 层及屋面室外绿化中通风良好位置。

5. 考古工作站和大运河文保中心、阅江厅空调

考古工作站和大运河文保中心主要为办公用房、工作站、研究室等，空间小，部门多；阅江厅以高规格接待为主，使用率低。此类场所需要灵活开启，且与展览运营时间不一致，按各自需要分别采用直流变频多联式空调系统，夏季供冷、冬季供热。室外机置于 2 层顶大屋面，外观喷涂，与屋面绿化融为一体；室内机根据各房间需求选择合适类型，独立调节；新风系统采用多联式新风系统。

6. 展区、餐饮、大运塔等其他区域空调

展区、餐饮、大运塔等其他区域采用集中冷热源，电制冷＋市政供热，市政供热热源为附近电厂汽轮机发电机组排汽余热蒸汽，热媒参数 180℃，0.8MPa；机组台数和容量根据负荷分布进行配置，在满足空调负荷变化需求的同时，机组能稳定高效运行。博物馆空调系统设置备用机组确保安全。

集中空调冷源根据甲方使用习惯，采用电制冷。系统负担区域空调冷负荷为10068kW，热负荷为 4647 kW。热源配置 2 台蒸汽型复合流程高效汽-水换热机组，一用一备，被加热热水 60℃/50℃，单台换热量 3020kW；换热机组内置变频循环水泵。冷源采用3台变频离心式电制冷冷水机组＋1台双螺杆电制冷冷水机组（备用），制冷剂采用环保 R134a。离心机采用变频变水流量冷水机组，单台变频离心机设计工况供冷量为 3650kW，其制冷量调节范围为 30%～100%，配套循环泵变频控制，以满足部分负荷下整个空调系统高效运行；螺杆机（备用）制冷量调节范围为 25%～100%，配变频循环泵。

7. 集中空调水系统

空调水系统采用一级泵变频变流量系统，闭式两管制，系统冬、夏季转换在机房内通过总阀进行切换。空调冷温水参数：夏季 14℃/19℃；冬季 60℃/50℃。总供回水管之间设有压差旁路控制装置，空调机组、新风机组设置电动两通调节阀，风机盘管回水管上设电动两通阀。

8. 空调末端设备设计

项目所在地气候环境特点：江河湖泊多、雨水多、室外湿度大，每年六、七月的梅雨季空气湿度达到饱和，墙壁结露、发霉是常见现象；空气温度和湿度变化不同步，无法耦合，没有相关性。常规空调降温除湿、升温加湿处理方式对温湿度变化不相关的空气处理过程不适用，该气候环境特点基本决定了空调需要温度和湿度独立进行处理。

（1）通过热湿负荷的详细计算，根据除湿量、冷热负荷选择溶液调湿温湿度独立控制机组。其先通过盐溶液吸收水分，由室内排风或室外风直接排至室外，同时消除潜热负荷；机组冷热盘管仅处理显热负荷，对混合后新、回风进行降温处理至送风点。计算结果显示：总负荷中潜热负荷占比 44%，显热负荷占比 56%，采用溶液调湿温湿度独立控制机组可大幅减少空调系统过度冷却和再热带来的能源浪费，缩减制冷机装机容量。

（2）展厅、走廊、数字厅、序厅、文创商店、咖啡茶座、观众体验区、大运塔游客服务等大空间均采用热回收式温湿度独立控制全空气空调机组，热回收效率大于 60%。

（3）有严格工艺要求的临展厅（紫禁城与大运河、大运河-中国的世界文化遗产、大运河艺术展）等大空间区域，需要深度除湿，采用预冷型温湿度独立控制全空气空调机组。

（4）文物库房采用恒温恒湿机组＋预冷型温湿度独立控制新风机组。

（5）餐厅等湿负荷大的区域，采用风机盘管＋预冷型温、湿度独立控制新风机组。

（6）非遗剧场全空气系统，座椅送风，送风温度需严格控制，避免送风温差过大造成不适。

（7）高大空间侧送喷口、旋流风口均采用温控型风口；空调机组可根据室内 CO_2 浓度，自动调节新风量大小，以满足室内卫生条件。

（8）特殊建筑形式的重点区域采用呼吸墙、分层空调、岛式送风等多方式联合处理：博物馆屋顶的阅江厅，屋面及四周均为透光体，顶部与室外相通，平面为圆形，面积 $510m^2$，高度 10 多米，采用独立的风冷立柜式空调机组＋幕墙扩展式对流器作为补充。空调只能点状设置，无法引出风管，气流组织难度大，但舒适性等级最高。为减少室外环境变化对室内的影响，保证舒适性，空调用喷口点状送风，形成水平气流，隔绝顶部室内外连通口，阻止室内外空气流通，减少能量损失；点状设置空调送风点，岛式送风；设置分层空调，控制高度 2.5m 以下，大大减少空调负担，重点保证人员所在空调区温湿度；呼吸墙高度小，自然对流差，设置机械动力式通风，在呼吸墙内侧墙外部形成气幕，贴附幕墙玻璃面，降低玻璃面温度，减少传热；幕墙室内设置地面幕墙对流器，防止冬季潮湿天气幕墙凝露,影响观感。空调系统原理见图 2。

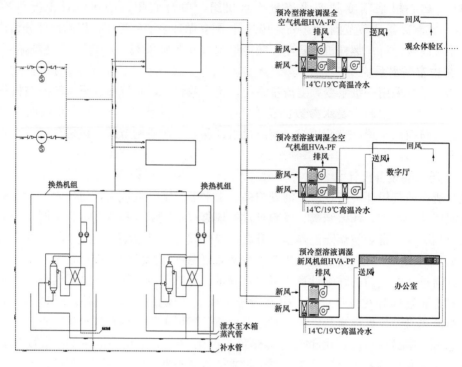

图 2　空调系统原理图

三、暖通空调系统方案比较及确定(包括末端)

1. 制冷季负荷分布曲线及负荷占比(见图 3、4)

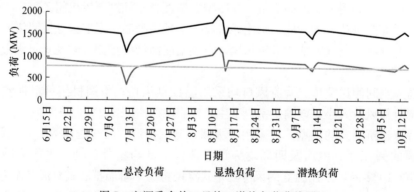

图 3　空调季全热、显热、潜热负荷曲线图

2. 系统分析

从潜热、显热变化曲线可以看出:潜热、显热变化没有相关性;7~10 月的空调期,潜热负荷与冷负荷综合平均占比 44%。采用常见空调处理方式即冷冻除湿对空气进行降温除湿处理,处理过程温度湿度同步变化,对温湿度变化不相关的空气处理并不适用,会造

成湿度合适温度太低或温度合适湿度太高的现象，再热又会造成能源浪费，常规集中空调冷水供水温度7℃，夏季出现极端湿热天气时往往除湿能力不足，仅依靠调节冷水对室内进行湿度控制很难保证送风参数的精确性。

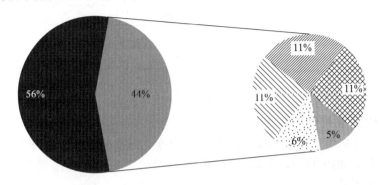

图 4　显热、潜热负荷占比

考虑到上述问题，本项目采用基于溶液调湿技术的温湿度独立控制空调系统。通过溶液调湿机组控制湿度，处理室内潜热负荷，由室外风或室内排风排至室外达到除湿目的，同时减少集中空调处理负荷，空调末端设备只需负担室内显热负荷即可。集中空调主机由于只承担室内显热负荷及溶液再生负荷，不需要为了除湿而降低冷水温度，可以采用效率更高的高温冷水机组，同时室内盘管干工况运行，有利于减少军团菌的滋生，卫生状况更好。

3. 机组选型

（1）文物库、暂存库：采用预冷型溶液调湿新风机组（HVF-PF）＋风冷式恒温恒湿机组。其中 HVF-PF 机组由集中空调系统提供溶液再生和新风降温用冷水，新风中水分经溶液抽取后由室外风直接带至室外排放；风冷式恒温恒湿机组自带冷热源。

（2）舒适性空调区域（展厅、数字厅、商店、咖啡茶座、观众体验区、办公等）采用的空调形式有热回收型溶液调湿全空气机组（HVA-SR）、预冷型溶液调湿全空气机组（HVA-PF）与预冷型溶液调湿新风机组（HVF-PF）＋风机盘管等。热回收型减少排风热损失，预冷型可增强溶液除湿效果，根据各场合的不同等级湿度要求采用相应机型。

（3）冷水机组选型：因空调系统采用温湿度独立控制技术，溶液调湿机组承担所有的室内及新风潜热负荷，空调冷水可只需处理室内显热负荷，集中空调采用变频高温冷水机组。根据比较，以某品牌为例，同规格离心式冷水机组，变频机组高温水工况（14℃/19℃）较定频常规水温工况（7℃/12℃），满负荷制冷效率COP提升明显，可达19%，部分负荷IPLV提升可达两倍。见表5，本工程冷源由3台变频离心式电制冷冷水机组（根据要求备用一台双螺杆电制冷冷水机组）提供，离心机单台设计工况供冷量为3650kW，总供冷量为10068kW，供回水温度14℃/19℃；额定工况供冷量为3164kW，供回水温度7℃/12℃。

变频高温冷水机组、定频常规水温冷水机组性能对比 表5

定频离心机组（7℃/12℃）			变频离心机组（14℃/19℃）		
负荷率	各负荷点 *COP*	*IPLV* 计算值	负荷率	各负荷点 *COP*	*IPLV* 计算值
100%	5.564		100%	6.61	
75%	6.594	6.61	75%	10.03	13.23
50%	7.297		50%	15.99	
25%	5.639		25%	13.36	

注：定频离心机组 *COP*=6.61；变频离心机组 *COP*=5.56。

4. 制冷季空调系统经济性对比

由于博物馆比较特殊，不同于其他行业，根据实际使用要求，本项目制冷季按 120d 计算，空调运行时间按 9h/d，平均负荷为设计负荷的 70%，电价按 0.8 元/(kW·h) 计算。对比结果见表6。

制冷季运行能耗对比 表6

	常规集中系统 ＋组合式空气处理（及新风）	高温冷水机组 ＋溶液式空调系统
承担负荷的设备	冷水机组	高温冷水机组
设计制冷负荷（kW）	15488	10068
制冷机电耗（kW）	4425.1	2178
溶液机组制冷负荷（kW）		2581.7
溶液机组电耗（kW）		645.4
新风、组合式空气处理机组能耗（kW）	544.3	695.5
制冷季总耗电量（MW·h）	3756.9	2660.3
制冷季运行费用（万元）	300.6	212.8

与常规空调系统对比，基于溶液调湿技术的温湿度独立控制空调系统每年除湿季可节省87.8万元。

四、通风防排烟系统

1. 排烟系统

（1）办公、咖啡茶座、大运塔2层以下地上等外墙上设有可开启窗的房间，可开启窗面积大于各室内建筑面积的 2%，采用自然排烟方式。

（2）地下珍品库、变配电室气体消防，设有灾后通风系统。

（3）文物库其他库房、暂存库、地上展区、序厅、过厅、非遗剧场、地下汽车库等均按规范设机械排烟系统，自然进风或机械补风。

（4）补风系统：直接从室外引入空气，且补风量不小于排烟量的 50%。

2. 防烟系统

（1）不满足自然通风条件的防烟楼梯间、封闭楼梯间、前室或合用前室均设置机械加压送风。防烟楼梯间与其合用前室分别设置加压送风系统；防烟楼梯间的地下、地上分设系统。

（2）文物库区避难走道安全走廊、防烟前室均设置机械加压系统。

3. 排烟风机、补风风机、加压风机均设于专用机房内

五、控制（节能运行）系统

制冷机的台数控制采用模糊化集群控制的冷量优化控制方式，根据系统负荷和流量需求，叠合冷水泵运行曲线，在制冷机和循环水泵的综合最低耗电状态工作，设备轮换运行，运行时长保持一致。整个项目设有楼宇自动控制系统。空调系统机组设备机组可在控制室远距离启停。各系统的运行状况、典型房间温湿度均可在控制室监测。

六、工程主要创新及特点

结合项目特点，暖通专业采用多种技术，针对建筑的不同部位采取不同处理手法，多种技术结合，以达到节能增效、环保舒适的室内效果。

1. 采用温湿度独立控制空调

①温度和湿度独立进行处理，同时达到室内温湿度要求。②利用溶液吸收水蒸气除湿，再用室内排风（或室外风）直接带出室外，不产生污染物；溶液具有很强的杀菌作用，能够杀死绝大多数细菌和微生物，提高室内空气品质；溶液可以过滤空气中大多数粉尘和颗粒。③先利用溶液吸收水蒸气除湿，完全消除潜热负荷（潜热负荷一般占总热负荷的30％～50％），温度直接处理到需要温度，避免了常规空调降温除湿后再升温的冷量浪费。④采用热回收进一步回收排风的冷量，再减少15％左右能耗。总体节能效果显著。

2. 空调水系统采用变频技术

根据空调负荷变化，按需要调整空调水流量，能极大减少水泵日常耗电20％～30％。

3. 文物库温湿度有严格的工艺性要求

采用空气源热泵系统（空气能），各库区独立自成系统，独立运作，系统自动控制以维持高效运行。空气能属于可再生能源，无污染，冬季热效率高。

4. 废热利用

采用附近电厂的冷却热回收蒸汽作为热源，稳定、廉价、环保、节能，对降低运行费用、提高空调系统可靠性、节能减排都有积极意义。

5. 特殊、重点区域多重复杂技术联合处理

呼吸墙、分层空调、送风岛、防结露。纯透明体阅江厅，屋面及四周均为透光体，顶部与室外相通，平面为圆形，高度10多米，空调无法引出风管，空调处理难度最大，但舒适性等级最高。为减少室外连通对室内产生的影响，空调送风形成水平风幕，阻止室内外空气流通，减少能量损失；点状设置空调送风点，岛式送风；设置分层空调，大大减少空调负担，重点保证人员所在空调区温湿度；呼吸墙高度小，自然对流较差，设置机械动力式通风，在呼吸墙内侧墙外部形成气幕，贴附幕墙玻璃面，降低玻璃面温度，减少传热；幕墙室内设置地面幕墙对流器，防止冬季潮湿天气幕墙凝露，影响观感。

吾悦广场 S1 楼

- 建设地点： 安徽省淮北市
- 设计时间： 2018 年 7 月—2019 年 8 月
- 竣工时间： 2020 年 4 月
- 设计单位： 安徽省建筑设计研究总院股份有限公司
- 主要设计人：余红海　陶 松　黄世山　高东媛　方智宇
- 本文执笔人：余红海

作者简介：

余红海，正高级工程师，注册公用设备工程师（暖通空调）。参与设计项目获国家、省、市级奖项 23 项，主编或参编标准 7 部，获得专利 9 项，首批入选中国勘察设计协会建筑环境与能源应用专业青年人才库，安徽省土木建筑学会第二届青年工程师奖获得者。

一、工程概况

本工程为大型商业综合体，地下 1 层，地上 6 层。建筑高度 31.30m，建筑面积约 11.7 万 m^2，冷负荷指标为 145.2W/m^2，热负荷指标为 55.5W/m^2。涵盖了超市、室内步行街、主力店、零售、餐饮、KTV、健身、影城等多种业态（见图 1）。

图 1　项目外景图

二、暖通空调系统设计要求

本工程位于安徽省淮北市，属于夏热冬冷地区。设计范围主要有：舒适性集中空调系统、通风系统、防排烟系统。

根据业主提供的设计任务书及国家现行有关规范等要求，确定室内设计参数，如表 1 所示。

室内设计参数 表 1

	夏季		冬季		人员密度 (m²/人)	新风量 [m³/(人·h)]
	温度 (℃)	相对湿度 (％)	温度 (℃)	相对湿度 (％)		
电玩厅	26	≤65％	18	—	3	30
影厅	24	≤65％	20	—	按座位数	20
影院售票厅	24	≤65％	20	—	2.5	20
超市	26	≤65％	18	—	2.5	20
次主力店	26	≤65％	18	—	4	20
室内街餐饮商铺	26	≤65％	18	—	3	25
室内街非餐饮商铺	26	≤65％	18	—	4	20
室内街公共区	26	≤65％	18	—	10	20
物管用房	26	≤65％	20	—	6	30
健身房	26	≤65％	18	—	7	40

三、暖通空调系统方案

1. 空调系统冷源

（1）超市冷源采用水冷螺杆机组。水冷螺杆机组与水泵采用一对一的连接方式，冷水供回水温度 6℃/12℃。水冷螺杆机组设在室内地下 1 层超市制冷机房内，冷却塔放在大商业屋面。超市冷负荷为 1380kW，设 2 台 704kW 水冷螺杆机组。

（2）大商业冷负荷为 10850kW，设 3 台 3164kW 的离心式冷水机组和 1 台 1406kW 的螺杆式冷水机组。冷水供回水温度 6℃/12℃，冷却水供回水温度 32℃/37℃。设在室内地下 1 层大商业制冷机房内，冷却塔均采用低噪声式冷却塔，大商业的冷却塔设在商业屋面上。

（3）影院冷源采用空气源热泵机组。冷水供回水温度 7℃/12℃，热水供回水温度 45℃/40℃，设在影院屋面。影院冷负荷为 1000kW，热负荷为 650kW，设 8 台 130kW 空气源热泵机组，总制冷量为 1040kW。

（4）KTV 采用空气源热泵机组，设置于影院屋面。

（5）商管办公室、值班室、湿式垃圾房等采用分散式空调系统。

2. 空调系统热源

大商业热源由设在屋面的自建锅炉房提供。采用 2 台 2100kW 真空热水锅炉，提供供回水温度 60℃/50℃ 的热水，供空调热水系统、热风幕系统使用。大商业总热负荷约 4150kW。

3. 空调系统形式

（1）影院观众厅、影院大堂等大面积空调区域，采用单风机全空气系统。

（2）室内步行街各零售、餐饮商铺、公共卫生间，采用风机盘管加新风系统。

（3）地下 1 层超市、室内步行街公共区域和中庭采用吊顶机组加新风系统。

（4）影院放映夹层、影院观众走廊、影院办公区域采用风机盘管加新风系统。

4. 空调风系统

（1）全空气系统采用组合式空气处理机组，安装于空调机房内，室内回风与室外新风混合后经组合式空气处理机组处理，均匀送入空调区域。超市空调机组仅设粗效过滤器，大商业的空调机组和新风机组设粗效及中效过滤器。

（2）1～5 层内街公共区域和中庭采用吊顶式空调机组，上送上回。

（3）影院每个观众厅及影院大堂均设独立空调机组及排风机，上送上回。

（4）1 层步行街中庭的空调送风口采用喷口（3 个一组）侧送。

（5）风机盘管加新风系统中，新风经过处理后直接送入房间。

（6）裙房部分进行风量平衡计算，保证空调区域为微正压。

（7）全空气空调系统在新风管设电动保温调节阀，回风管上设电动调节阀，过渡季可以实现全新风运行，冬季可以通过调整室外新风量来消除室内余热，节约能源。

（8）所有空调系统不由吊顶内回风，风机盘管均带回风箱，空调机组的回风有组织进行回风，回风口与空调机组间设风管连接。

5. 空调水系统

（1）超市及大商业的空调冷水系统为一级泵变流量系统，空调末端系统变流量运行，冷水泵根据负荷变化自动变频变流量运行。大商业的冷却塔采用双速风机，冷却水泵不变频。空调末端系统变流量运行。

（2）大商业空调系统的制冷主机和空调冷水泵、冷却水泵采用一对一的连接方式，其中，大商业离心机对应循环水泵不设备用泵，在各组设备连接管道中间设置互为备用的手动转换阀，大商业螺杆机对应循环水泵，设 1 台备用泵。超市空调系统的冷水机组或空气源热泵机组和空调冷水泵采用一对一的连接方式，设 1 台备用泵。

（3）冷却塔采用共用集管并联运行，各塔之间设平衡管联通或共用集水槽。

（4）大商业的各个空调水系统根据业态划分环路，步行街空调系统管井设置不少于 3 个支环路。总管上加装远传型能量表，能量表有瞬时流量显示功能。集分水器底部设快速泄水管。空调水系统采用两管制，干管采用水平同程、竖向异程布置。

（5）空调系统的补水采用软化水，空调冷热水系统、冷却水系统采用智能加药装置，空调冷却水系统还设有除污器。

（6）空调系统采用开式膨胀水箱定压。膨胀水箱设高低液位信号，控制冷水机房内补水泵启停。

（7）各环路系统干管到本环路内支管回水管上设置静态平衡阀；组合式空调机组、新风机组水管上设置比例积分电动调节阀及动态压差平衡阀，室内步行街吊顶风柜环路、风机盘管环路分别设置动态压差平衡阀，吊顶风柜末端处设置电动两通阀。

（8）集、分水器之间设置电动压差旁通阀。

6. 热风幕系统

（1）大商业其首层直接对外的主要出入口设两道热风幕，外面一道设电热风幕，第二道设热水风幕，其余出入口设一道风幕。

（2）地下 1 层湿式垃圾房推入门内侧设贯流风幕机，风幕机与门禁、卷帘开关联动。

四、通风防排烟系统

1. 通风系统

（1）燃气锅炉间、使用燃气的厨房，设有可燃气体报警器及事故通风系统，事故通风的换气次数≥12h⁻¹。

（2）地下汽车库平时排风量为换气次数 6h⁻¹，平时送风量为换气次数 5h⁻¹。地下汽车库排烟量不应小于 GB 50067—2014《汽车库、修车库、停车场设计防火规范》表 8.2.4 中的要求。

（3）有异味的每个房间，设独立的排风管道和风机排至屋面，每个异味房间通过门缝自然补风。

（4）屋顶新风入口 10m 范围内无厨房油烟排风口。

（5）步行街中庭顶部设置平时的机械排风系统，中庭顶部设电动窗，过渡季节可电动开启自然通风。

（6）餐饮厨房和员工餐厅厨房设有油烟罩排风及全面排风系统，同时设有补风系统。

（7）设有气体灭火的房间，设事故后通风系统，事故通风换气次数≥12h⁻¹。送风管及排风管均设有电动风阀，并与对应的风机强电连锁。灭火剂喷射时电动阀及风机均关闭，火灾结束后电动阀及风机均开启排除房间的灭火剂。采用七氟丙烷气体灭火的房间均设泄压阀，泄压阀位于防护区净高的 2/3 以上区域，泄压口朝向防护区外的开敞区域。

2. 防排烟系统

（1）防烟系统

① 防烟楼梯间及前室（合用前室）有满足要求的可开启外窗时采用自然排烟。不满足要求者均设有加压送风系统。楼梯间维持正压 50Pa，前室维持正压 25Pa。加压风机设于专用风机房内。

② 防烟楼梯间设置常开式百叶送风口，前室、合用前室、消防前室每层设一个常闭多叶送风口，并设有手动开启装置。

③ 当采用剪刀楼梯时，其两个楼梯间及其前室的机械加压送风系统分别独立设置。

④ 地下 1 层避难走道一端设置安全出口，且总长度小于 30m，在其前室处设置机械加压送风系统。

（2）排烟系统

① 地上建筑面积大于 100m² 房间、地上无窗或者地下建筑面积大于 50m² 的房间、长度大于 20m 的内走道采取排烟措施。当可开启外窗面积满足规范要求时采用自然排烟，不满足时设置机械排烟。

② 每个防烟分区不超过 1000m²，防烟分区不跨越防火分区，当建筑的机械排烟系统沿水平方向布置时，每个防火分区的机械排烟系统独立设置。除中庭外，净高小于或等于 6m 的防烟分区，其排烟量按不小于 60m³/（h·m²）计算，且取值不小于 15000m³/h。净高大于 6m 的防烟分区，其每个防烟分区的排烟量依据 GB 51251—2017《建筑防烟排烟系统技术标准》计算及查表，以较大值作为计算风量。

③ 当一个排烟系统担负多个防烟分区排烟时，对于净高 6m 及以下的场所，排烟量不

小于同一防火分区中任意两个相邻防烟分区的排烟量之和的最大值。净高大于 6m 的场所，单独设置排烟系统。

④ 每个影院观众厅为一个防烟分区，单独设置排烟风机及补风机。

⑤ 步行街公共区域采用自然排烟方式，步行街顶部设电动排烟窗，排烟窗均匀布置在采光窗侧面，可开启有效面积不小于步行街地面面积的 25%，排烟窗能在火灾时手动和自动开启。

⑥ 地下汽车库的防烟分区面积最大为 2000m²。地下汽车库排烟量不应小于 GB 50067—2014《汽车库、修车库、停车场设计防火规范》表 8.2.4 中的要求。在无直接对外汽车坡道的防火分区设置补风系统，补风量不小于火灾排烟风量的 50%。

⑦ 除地上建筑的走道或建筑面积小于 500m² 的房间外，设置排烟系统的场所，同时设置补风系统，补风量不小于火灾排烟风量的 50%。

⑧ 所有排烟风机采用耐高温风机，在烟气 280℃ 时运行 30min 以上。用于排烟系统的消声器需采用不燃材料制作，温度达到 280℃ 时，能连续工作 30min。防排烟系统作为独立系统时，风机与风管应采用直接连接，不应加设柔性短管。只有在排烟与排风共用风管系统，或其他特殊情况时应加柔性短管，该柔性短管应满足排烟系统运行的要求，即在高温 280℃ 下运行 30min 及以上的不燃材料。

五、控制（节能运行）系统

冷源系统设 BA 集中控制，热源系统由厂家设集中控制，预留 BA 接口接入 BA 系统，要求如下。

（1）冷热源进出口和空调水系统供回水温度、压力及总流量等主要参数监测，冷热源设备及冷水循环泵、冷却水循环泵、补水泵及电动水阀等运行状态监测，并在 BA 系统操作界面中明确显示。

（2）根据冷却塔出水温度控制冷却塔风机高低转速。

（3）设置总供冷、热量计量装置，自动计量冷、热量消耗并纳入 BA 系统。

（4）根据系统冷、热负荷变化，自动控制设备投入数量。

（5）空调冷水泵采用变频泵变流量运行，根据供、回水总管间的压力差及温差改变冷水泵转速，通过冷水机组的最小流量不得低于额定流量的 70%，并在供回水总管之间设电动压差旁通阀。

（6）膨胀水箱液位控制空调水泵启停，膨胀水箱和补水箱设超高超低液位控制和报警，纳入 BA 系统。

（7）冷水机组、冷水泵、冷却水泵、冷却塔、冷水补水泵的电控箱应提供运行状态、故障报警及手/自动模式监测功能接口。

（8）冷水泵电控箱应提供冷水泵变频器监测功能接口。

（9）冷却塔的电控箱应提供冷却塔风机高/低速状态监测功能接口。

（10）冷水机组、冷水泵、冷却水泵、冷却塔的电控箱应提供启停控制功能接口。

（11）热源系统采用锅炉群控方式接入 BA 系统。

（12）热水循环泵的电控箱应提供变频器频率反馈监测功能接口。

（13）所有泵、塔的独立控制箱需设置手动、自动、停止三挡转换开关。

六、工程主要创新及特点

本项目注重提前策划与专业间的相互配合，重视细节，较好地应用了精细化设计的理念，具有较多的创新与设计特色，可为后续类似商业综合体项目的设计提供借鉴。

（1）本项目设计时值国家规范 GB 51251—2017《建筑防烟排烟系统技术标准》正式实施阶段，防烟、排烟系统并无大型商业综合体及其他公共建筑参考案例，设计时通过仔细研读规范，做了很多第一次合理的尝试，如剪刀楼梯间及其共用前室加压送风量的计算、固定窗的设置、高大空间排烟量的确定、屋面设置消防风机房等，既满足了规范要求，又顺利通过了各项审查及验收。

（2）本项目业态复杂，在销售外铺上相对于其他商业建筑作了很多精细化设计。如提前规划了燃气管井及调压站的位置、燃气路由等，方便燃气公司与商业的接驳；考虑了所有外铺油烟排放的条件。各外铺原则上竖向共用排油烟立管，无条件时，多铺合用排油烟系统，但排油烟水平主管不穿商铺，设置在各层共用后勤主道上，并在屋面设置二级净化装置及排油烟风机，既为商管外铺销售提供了有力保障，同时也减少了各铺之间的相互影响。

（3）本项目对于机电管线密集区域，结合土建图纸进行了机电管线综合设计，大大减少了错、漏、碰、缺，减少了建筑质量问题、安全问题，减少了返工和整改，优化了成本，节省了工程造价。

（4）本项目大商业及超市冷源采用电制冷冷水机组，热源采用真空热水锅炉；大商业及超市冷热源系统根据业态分别独立设置，方便物业管理。

（5）本项目在确保室内舒适的前提下，通过各项合理设计，大商业集中空调系统冷、热负荷指标相对其他夏热冬冷地区商业综合体明显减小，显著降低了冷热源装机容量、初投资及其运行费用，如表 2 所示。

夏热冬冷地区各商业综合体冷热负荷统计　　　表 2

项目名称	建筑面积（m²）	冷负荷（kW）	冷负荷指标（W/m²）	热负荷（kW）	热负荷指标（W/m²）
黄石万达	58032	11249	194	6279	108
荆门万达	61000	9952	163	3020	50
巢湖万达	89500	14589	163	8339	93
黄冈万达	90000	13793	153	7000	78
瑶海保利	64766	11002	170	5364	83
宿迁万达	93700	15180	162	8339	89
安庆新城	84000	14700	175	7000	83
淮南新城	77840	13012	167	4650	59.5
肥东新城	89180	13712	154	5529	62
上饶新城	80100	13010	162	4660	58
淮安新城	71714	10757	150	4446	62
长沙松雅湖新城	75650	12104	160	4917	65
淮北新城（本项目）	74400	10850	145.2	4200	55.5

注：上述数值最终以其施工图为准。

（6）屋面通风、空调、冷却塔、空气源热泵等各项暖通设备及管线的合理规划是本项目重要的设计亮点之一，通过精细化设计，屋面设备紧凑、整洁、有序，保证了屋面的完整性。通过对加压送风井、排烟井、暖井、风机房等各种优化，屋面设计了主要设备区域、餐饮油烟排放区域、冷却塔及锅炉房区域、景观绿化区域等，并使设备区域规整到商业屋面的边缘位置，突出了屋面景观绿化中心区域的完整性，并将油烟净化及排油烟风机位于风机房（本项目最高处）的屋面，使油烟净化处理后高空排放，保证了大商业的新风环境，有效规避了传统大商业新风品质差的问题。

（7）为减少地下制冷机房振动和噪声对上部商业的影响，地下制冷机房顶部梁窝空隙内设置覆土，大大降低了噪声的穿透性，并在制冷机房侧墙和顶板增设隔音板，具有创新性。

（8）优化了管线密集处支吊架形式。管线密集及荷载较大的区域，如制冷机房等，提资土建进行预留预埋设计，部分管道支撑由吊架改为落地支架，并提资土建专业对支吊架受力进行复核。

（9）优化了地下隔油间、污水泵房等异味房间通风系统设计。有异味的每个房间设独立的排风管道并设轴流风机，通过竖井进行高空排放，确保排风效果，避免异味外泄。

（10）本项目冷水泵、热水泵、冷却水泵、冷却塔、组合式空调机组均采用变频技术，节能环保。

（11）制冷主机与水泵采用一一对应方式连接，减少水管上电动阀配置，运行可靠。

（12）各影院观众厅、大厅等高大空间空调方式采用全空气一次回风定风量系统，超市、步行街采用吊顶式空调机组，零售及餐饮采用风机盘管＋新风，并设有排风系统，排风机采用变频风机，排风量为该区域空调系统新风量的 80%。排风机既能满足空调季节最小新风量的排风要求，又能满足空调系统最大新风比运行时的排风要求，可实现过渡季全新风运行。

（13）步行街首层主要出入口设置两道热空气幕，第一道外门内侧设置电热空气幕，第二道外门内侧设置热水型热空气幕，有效隔断了室外空气的侵入。

（14）各餐饮商铺厨房区域设置排油烟系统、补风系统、事故通风系统，排油烟风机与补风机连锁，各厨房的排油烟经屋顶的油烟净化器处理达标后排放。油烟排放浓度不得超过 $2.0mg/m^3$，净化设备的最低去除效率不低于 85%。

（15）空调水系统分业态设置独立环路，方便维护与调试，并设置供冷、热量计量装置。

（16）步行街公共区域、超市、影厅等人员密集场所设置 CO_2 监测系统，并与相应新风、排风系统风机连锁，实时监控商场内人员流向。

（17）步行街公共区域在屋面设置机械排风风机，并通过风平衡计算及气流组织，既保证了空调区域的微正压，又加强了室内的空气循环。

（18）本项目优化了步行街风口的设置，将送风口沿步行街一侧布置，回风口布置在公区走道凹槽内，既减小了造价，又节约了空间，提高了公共区的观感。

（19）屋面设备选址合理，避免了设备振动对敏感区域（如电影院）的影响。KTV、影院室外空气源热泵机组、水泵、风机、全空气空调机组、新风机组、油烟排放机组等设备设置在院线屋面上，均避开影厅设置，消除了设备振动带来的影响。

广西壮族自治区龙潭医院突发公共卫生事件紧急医疗救治业务综合楼项目（住院楼）

作者简介：

黄孝军，正高级工程师，就职于华蓝设计（集团）有限公司。主要代表作有：广西壮族自治区龙潭医院突发公共卫生事件紧急医疗救治业务综合楼项目（住院楼）、广西中医学院第一附属医院住院综合楼、南国弈园、广西规划展示馆、广西政协委员活动会馆、南宁市社会应急联动中心、广西壮族自治区博物馆改扩建工程等。

- 建设地点： 广西柳州市
- 设计时间： 2020 年 8 月—2022 年 1 月
- 设计单位： 华蓝设计（集团）有限公司
- 主要设计人：黄孝军　贝学暖　胡成辉
　　　　　　　梁晓宁　姚丽君　覃振东
- 本文执笔人：黄孝军　贝学暖

一、工程概况

本工程（见图 1）位于柳州市，总建筑面积为 $10677.51m^2$，地上 5 层，无地下室。

图 1　项目外景图

住院楼的使用功能有医技用房、病房及手术室。具体布置：1 层为医技用房（CT、DR、常规检验区等）和非呼吸道传染病房，2 层为非呼吸道传染病房，3 层为呼吸道传染负压病房，4～5 层为负压隔离病房、ICU 病房及负压手术室。平战结合病床 176 床，负压隔离病房病床 69 床。建筑高度 21.5m。

根据项目的可行性研究报告，经与业主沟通，本住院楼采用平疫结合设计，重点考虑疫情时接收类似新冠病人等的呼吸道传染病医院，同时兼顾平时作为普通传染病医院的使用，1～3 层平时与疫情时一样，都是传染病房，至于 4 层及 5 层平时是呼吸道传染病房还是非呼吸道传染病房要根据实际情况定，所以平时按呼吸道传染病房考虑。

本文主要介绍住院楼的暖通空调设计，住院楼的总冷负荷为 1617kW，冷负荷指标为 151W/m²；总热负荷为 948kW，热负荷指标为 89 W/m²，空调通风工程概算为 1213 万元，单位面积造价为 1136 元/ m²。

二、暖通空调系统设计要求

本项目的重点为通风系统设计以及其监控系统，疫情时室内设计参数如表 1 所示。

室内设计参数   表 1

房间名称	夏季		冬季		送风标准 (h⁻¹)	排风标准 (h⁻¹)	A 声级噪声 (dB)
	温度 (℃)	相对湿度 (%)	温度 (℃)	相对湿度 (%)			
病房	26	50～60	22	40～45	≥12（4～5 层） ≥6（3 层） ≥3（1～2 层）	≥15（4～5 层） ≥9（3 层） ≥6（1～2 层）	≤45
ICU	26	50～60	22	40～45	≥12	≥15	≤45
护士站	26	50～60	22	40～45	≥4（3～5 层） ≥3（1～2 层）	≥7（3～5 层） ≥6（1～2 层）	≤50
医护通道	28	50～60	18	40～45	≥6（3～5 层） ≥3（1～2 层）	≥2（3～5 层） ≥2（1～2 层）	≤45
病人走道	28	50～60	18	40～45	≥6（3～5 层） ≥3（1～2 层）	≥10（3～5 层） ≥6（1～2 层）	≤50
清洁区办公室	26	50～60	20	40～45	≥4	—	≤45
清洁区医生通道	28	50～60	18	40～45	≥4	—	≤50
负压手术室（Ⅲ级）	22	55	22	55	≥18	≥26	≤45
CT/DR 等	26	50～60	20	40～45	≥6	≥9	≤45

注：室内风速夏季≤0.3m/s，冬季≤0.2m/s。

平时的室内设计参数，除 4～5 层的病房按普通呼吸道传染病房考虑，其设计参数与疫情时的 3 层一样，其余房间的设计参数平时跟疫情时一样。

三、空调系统方案

1. 空调方式的确定

本住院楼以传染病房为主，另外有一些医技用房及医护人员办公室，考虑到本项目平疫结合的要求，以及疫情时新风量大的特点，从各房间的负荷特点及使用需求、运维管理等方面考虑，确定各房间采用独立的空调形式，新风系统统一设置冷热源，以保证各房间使用空调的节能和灵活性。

2. 空调冷热源及空调水系统

项目所在地柳州市位于广西中部，为夏热冬暖地区与夏热冬冷地区交界处，属中亚热带季风气候，空调以夏季制冷为主，冬季供暖为辅，由于本项目规模较小，则新风系统的冷热源全部采用模块式空气源热泵机组。由于模块式空气源热泵机组都是采用定水流量的，则空调水系统采用一级泵定流量系统，考虑到节能运行，将空气源热泵机组分成 2 组，同时也将水泵对应分组并设置连锁控制，由于水系统较简单，管路不长，所以水环路采用异程式布置。

3. 各区域空调系统形式

除新风系统采用统一的冷热源外，本项目各功能区按照使用功能分成多个独立空调系统：

（1）1 层 CT、DR 以及常规检验区由于设置分体空调有困难，采用多联机空调。

（2）5 层负压手术室及辅助用房，由于需要全新风运行，加上新风量巨大，采用常规的空调机组无法满足要求，经计算并与设备厂家沟通，设置双冷源恒温恒湿全新风空调系统，采用风冷直膨式与水冷表冷器组合的空调机组。

（3）病房、其余检查用房、办公室、休息室均设置冷暖型分体空调系统以及小型商用空调系统，室内机设抗菌滤网。

四、通风防排烟系统

1. 通风系统

由于本项目平时与疫情时均作为传染病医院使用，功能用房有负压隔离病房、负压病房、负压手术室等，同时医技用房疫情时也需要负压，其通风系统与常规民用建筑的通风系统有很大的不同。

（1）按照传染病医院设计规范，每层传染病房区域均需要严格设置"三区两通道"，机械送、排风系统均按清洁区、半污染区、污染区分别独立设置；同时新风系统的取风口与排风系统的排风口分别设置在住院楼的两侧，根据项目所在地的全年主导风向，新风取风口位于屋顶上风向及每层平面处，排风口位于下风向并高出屋顶 2m 排放，避免新、排风气流短路。以 4 层病房为例，通风系统流程图如图 2 所示。

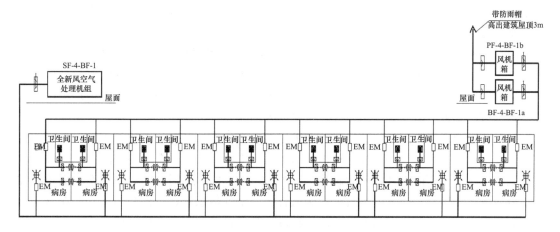

图 2　4 层病房送排风流程图

（2）为避免交叉感染，通风系统设计时需考虑各层的空气压力从清洁区→半污染区→污染区逐渐降低，使空气单向流动，受到污染的空气最后从病房通过管道及设置在屋顶的排风机，高空排放。设计时除了按规范要求的换气次数进行风量计算外，同时还对整层各区域进行了风量平衡计算，并设置风量调节装置及压差计，以保证调试及运行过程中气流组织满足要求。

（3）负压病房及负压隔离病房内，新风系统采用上送风，排风系统采用下排风形式，使新风首先送到医护人员，然后才到病人处，并及时排出有害气体，排风口处设高效过滤器。

（4）由于以往的负压隔离病房负压调试很难，成功的项目很少，本次设计吸取教训，在 4、5 层的负压隔离病房采用动力分布式通风系统取代原来的靠风阀进行风量调节来保证室内气压的做法，每个病房独立设置有送、排风机，一般采用小型的 EC 风机，配变频器，可根据房间的气压差变化实时无级调节风机风量，同时多个房间共用集中的送、排风机，一套送风或排风系统均由 2 台风机接力完成。

（5）平疫结合设计：病房卫生间、公共卫生间等平时产生异味和水汽的区域，其平时通风系统设备采用排气扇和管道式换气机在本层排出，每个卫生间或房间支管上均设置手动密闭阀，平时开启，疫情时关闭保证气流不会互相串通；疫情时通风系统，卫生间另外再接一根支管并入所在区域的排风系统，通至屋顶高空排放，该支管平时设风阀关闭。选用各区域通风机时，均考虑平时跟疫情时两种运行工况，采用风机变频或者设置 2 台不同的风机来满足要求。

2. 防排烟系统

本项目的防排烟系统相对简单，防烟楼梯间及前室均采用自然通风方式进行防烟，各层的房间及走道，优先采用自然排烟方式，不满足自然排烟条件的房间及走道采用机械排烟。

五、运行控制策略

本项目各区域的温度控制由各区域的分体空调或多联空调直接自动控制，独立完成。除负压手术室单独设置一套控制系统外，其余各层每层集中设 1 套自动控制系统，该自动控制系统自成一体，设置监控电脑及按系统设置操作面板，安装位置暂时定在护士站。上述控制系统可实现以下功能：

（1）对所有排风机进行实时监测和远程控制，排风机采用现场/远程电动控制，风机运行状态、故障状态可实时监测报警；排风机前主风管上均设置有电动密闭阀，与风机连锁控制，风机开、密闭阀开，密闭阀关、风机关，所有电动密闭阀的启闭状态均需进行监测；各区域均设置有电子式微压差计，对室内外的压差进行监控。

（2）监视全新风医用净化型空气处理机组的运行状态、开关、故障、报警，远程启停控制、远程设定送风温度；空气处理机组的送风主干管上均设置有电动密闭阀，与风机联锁控制，风机开、密闭阀开，密闭阀关、风机关，所有电动密闭阀的启闭状态均需进行监测；全新风医用净化型空气处理机组的送风管上设温度传感器，将信号传输到控制器，再由控制器根据该温度与设定温度的差值，经过运算后自动调节全新风医用净化型空气处理机组表冷器接管出水管上的比例积分调节阀开度，保持送风温度恒定。

（3）实时监测新风/排风系统所有的过滤器的压差，超压时报警。

（4）全新风医用净化型空气处理机组的送风机与排风机连锁控制，启停控制程序如下：先开启清洁区的送风机，再开启污染区与半污染区的排风机，最后启动污染区与半污染区的送风机；关停时，先关闭污染区与半污染区的送风机，再关闭污染区与半污染区的排风机，最后关闭清洁区的送风机。

（5）1~3层每间负压病房的送风及排风支管上均设有定风量阀及电动密闭阀，定风量阀为机械自动式调节机构，运行时无须外部供电，可根据管路压力变化自动调节阀门阻力以保持病房的送、排风量恒定，从而保持病房的负压值恒定，电动密闭风阀的开/关由本层的集中监控系统远程控制，每间病房的新风及排风支管上的电动密闭阀应同时开启或关闭。

（6）4、5层每间负压隔离病房采用一套分布式智能控制模块，控制房间的送、排风EC风机及电动密闭风阀；首先按设计要求的换气次数调节好送风机的频率并保持送风量恒定，按设定的室内压差自动调节排风机的频率并保持压差恒定，同时电动密闭风阀与风机连锁控制，风阀开，风机开，风机关，风阀关；电动密闭风阀的开/关由本层的集中监控系统远程控制，每间病房的新风及排风支管上的电动密闭风阀应同时开启或关闭。

（7）各区域新风机组（送风机）/排风机均采用变频控制，送风机初始频率按保证各个房间的最小新风量时的总送风量设置，采用定静压法对风机进行变频控制，运行过程中根据过滤器阻力增加或部分房间的电动密闭风阀关闭情况，监测设在风管上的静压传感器，将信号传到控制器，与设定值进行比较，根据比较情况输出信号调节风机频率，当高效过滤器两侧的压差监控报警时，则需要更换过滤器；排风机的初始频率按保证各个病房的最低压差时，系统的2个最不利环路的定风量阀前后最小工作压力差值设置（测2个地方的压差是为了防止其中1个病房的电动密闭阀关闭时，还有另一个地方能测），运行过程根据过滤器阻力增加或电动密闭阀关闭/开启情况，自动调节排风机频率保证最不利环路的定风量阀前后压力差值恒定。

（8）负压手术室采用双冷源风冷直膨组合式恒温恒湿全新风空调机组，其室内温湿度控制策略为保持流经表冷器的水流量不变，由直膨式全新风机组在保证新风量不变的情况下，自动调节室内的温度、湿度；其送、排风机组均采用变频控制，送风机初始频率按最小新风量设置，运行过程中过滤器阻力增加时，自动调节送风机频率保证送风量恒定；排风机的初始频率按保证设定的室内外的压差值设置，运行过程中根据设定的负压差值自动调节排风机频率保证室内的负压和气流方向。

六、工程主要创新及特点

本项目为平疫结合医疗建筑，与常规的民用建筑有较大区别，暖通空调设计主要的难点在于如何保证各层的气流组织满足要求，以及负压病房区域的风系统水力平衡、负压手术室在全新风工况下的冷热负荷计算及设备选型，同时还要兼顾平疫两种运行工况。项目的主要创新及特点如下：

（1）采用多种不同的空调形式来满足平疫两种工况的节能运行要求

为满足平疫两种工况的使用要求，同时考虑到疫情时新风量大的特点，本项目的空调系统采用多种不同的空调形式来满足平疫两种工况的节能运行要求。具体如下：病房及医生办公室采用分体空调，1层医技用房采用变频多联机空调，新风系统统一采用空气源热泵机组作为集中的冷热源，负压手术室采用双冷源风冷直膨组合式恒温恒湿全新风空调机组。

（2）采用多种措施来保障气流组织满足要求

每层传染病房区域的机械送、排风系统均按清洁区、半污染区、污染区分别独立设置；同时新风系统的取风口与排风系统的排风口分别设置在住院楼的两侧，根据项目所在地的全年主导风向，新风取风口位于屋顶上风向及每层平面处，排风口位于下风向并高出屋顶 2m 排放，避免新、排风气流短路。

各层的空气压力要求从清洁区→半污染区→污染区逐渐降低，使污染空气从病房排出。为此从整层考虑，采用风量平衡计算公式，详细计算了各个区域的送风及排风量。通过计算，发现中间的医护走道及病人走道送风量均比排风量大，而如果单独算这些区域，由于半污染区需要负压，则想当然地认为是排风量比送风量大，这样就会造成气压调试困难，气流组织混乱。

合理布置病房的送、排风口，室内的气流首先通过医护人员的工作区，然后经过病床床头下部排风口进入排风管道，形成定向稳定的气流组织。负压病房采用顶送风下排风的气流组织方式，送风口位于床脚一侧上方，排风口位于床头的一侧下方，所形成的单向气体组织方式，保证医护人员在病房内进行诊疗时，始终处于洁净气流的上方，降低了感染的可能性。

（3）通过焓湿图分析比较选择负压手术室的空调机组

常规使用的洁净手术室为保持房间的洁净度一般是需要正压，而用于新冠等传染病的手术室则需要负压，同时还需要全新风运行，加上新风量非常大，则采用常规的设备无法满足要求。为此通过焓湿图进行分析比较，并与设备厂家进行协商，最后确定采用表冷器与风冷直膨机组合的双冷源恒温恒湿全新风空调机组是可以满足要求且节能的，夏季新风首先通过接 7℃/12℃ 冷水的表冷器进行降温除湿，然后再由直膨式机组进行恒温恒湿处理。

（4）采用分布式动力系统实时满足负压隔离病房的风系统水力平衡及压差控制

对于负压隔离病房，最难的就是气压调试，这是由于一套通风系统负担多个房间，当其中一个房间调节风量或关闭风阀时，与该房间合用一套通风系统的其他房间的风量就会相应发生变化，从而导致这些房间的空气压力无法保持原来设定值，进一步会造成整个区域的气流组织发生变化。为解决上述问题，采用动力分布式通风系统，每个负压病房独立设置有送、排风机，送、排风机一般采用小型的 EC 风机，配变频器，可根据房间的气压差变化实时无级调节风机风量，调试时首先确保送风量满足最小换气次数要求，并保持送风量不变，然后根据房间的负压值变化实时调节排风机的频率，从而使排风量与送风量的差值满足要求；同时多个房间共用集中的送、排风机，一套送风或排风系统均由 2 台风机接力完成，集中送、排风机均采用变频控制，按定静压法，根据主管道上的静压值调节风机频率。

（5）设置完善的自动监控系统来保障通风系统的正常运行

由于本项目为平疫结合医院，疫情时通风空调系统应采用自动方式进行检测与控制，以保障整个病区的气流组织及室内环境满足传染病医院要求，避免医护人员及运维人员感染，为此本项目设置了一套完善的通风空调自动监控系统来保障通风系统的正常运行。

（6）采用多种措施来满足通风及空调系统的平疫结合使用

考虑本项目平疫结合的使用需求，病房卫生间、公共卫生间等平时产生异味和水汽的区域均设通风系统，平疫结合转换使用，平时通风系统设备采用排气扇和管道式换气机在本层排出，每个卫生间或房间支管上均设置手动密闭阀，平时开启，疫情时关闭保证气流不会互相串通；疫情时通风系统，卫生间通风并入所在区域的排风系统，通至屋顶高空排放。

选用各区域通风机时，均考虑平时与疫情时两种运行工况，如果平疫两种工况的风量相差较大（一般是疫情时风量是平时风量的 2 倍以上），则通过风机变频是无法同时满足平疫两种工况的，此时设置 2 台不同的风机来满足使用要求。各房间均设置独立的分体空调或多联机，其新风机组采用变频控制，平时低速运行，疫情时高速运行，可有效降低平时的空调使用能耗。负压手术室考虑平时使用时，可以根据使用要求做正负压转换。

遵义会议中心项目

- 建设地点： 遵义市
- 设计时间： 2017 年 12 月～2018 年 7 月
- 竣工时间： 2019 年 12 月
- 设计单位： 中国建筑西南设计研究院有限
  公司
- 主要设计人：张 宁 彭先见 谭 溢
  陈雅蕾 黄 洁 革 非
- 本文执笔人：张 宁

作者简介：

张宁，硕士研究生，高级工程师，注册公用设备工程师（暖通空调），现就职于中国建筑西南设计研究院有限公司，担任轨道交通设计院暖通总工程师。主要设计代表作品：四川大学华西第二医院锦江院区、四川大学华西医院医技楼、重庆市第五人民医院、四川广播电视中心、深圳中投证券大厦等。

一、工程概况

1. 项目概况

遵义会议中心项目位于遵义新蒲新区，是根据遵义"十三五"规划要求而建设的会议中心，按照"立足两会，兼顾社会运营"的定位进行功能配置。本工程总建筑面积约 10 万 m²，其中地下 1 层，地上 4 层，主要功能为 1700 座剧场式主会议厅、中小型会议室及 1500 座宴会厅等。建筑高度 32.55m，为一类高层公共建筑（见图 1）。

本工程单位空调建筑面积冷负荷指标为 155W/m²，单位空调建筑面积热负荷指标为 114W/m²。空调工程投资概算约 4808 万元，单方造价约 481 元/m²。

图 1 会议中心实景图

2. 项目气候特点及能源条件

项目所在地属夏热冬冷地区，室外空气计算参数如表 1 所示。

室外空气计算参数　　　　　　　　　　　　　　表 1

夏季		冬季	
空调计算干球温度（℃）	31.8	空调计算干球温度（℃）	−1.7
空调计算湿球温度（℃）	24.3	供暖计算温度（℃）	0.3
空调计算日平均温度（℃）	27.9	空调计算相对湿度（%）	83
通风计算温度（℃）	28.8	通风计算温度（℃）	4.5
平均风速（m/s）	1.1	平均风速（m/s）	1.0
大气压力（hPa）	911.8	大气压力（hPa）	924

项目周边市政道路配置有水、电、气市政管网，电力和天然气充足。会议中心项目与地块内的遵义大酒店项目（约 10 万 m²）同期建设，设计初期业主委托专业公司进行了地源热泵系统可行性研究工作，并编制了可行性研究报告，根据可研报告结论，结合酒店及会议中心的使用特点和负荷需求，经技术经济分析后酒店采用了地源热泵系统，但会议中心不宜采用地源热泵系统。

3. 项目设计需求及特点

业主需求：项目建成后提供会议、演出等功能需求，满足遵义两会的需求，同时也能为城市 CBD 及周边企业提供展览、商务活动等配套服务功能。

项目特点：建设标准高、使用能耗高、声学要求高、演出工艺复杂、内部装饰效果要求高、外观形象要求高、火灾危险性大、运营管理复杂、内部空间复杂。

设计目标：安全、舒适、节能、满足声学和观演工艺需求、便于运营管理。

二、暖通空调系统设计要求

设计前期项目团队有针对性地对类似标准的会议中心建筑进行考察、调研和总结经验，同时与业主充分沟通了解项目具体运营模式及使用需求，以安全、舒适、节能、满足声学和观演工艺需求、便于运营管理等作为设计目标及原则开展暖通空调系统设计。

根据国家相关规范，结合项目具体情况确定室内设计参数，如表 2 所示。

三、暖通空调系统方案

1. 空调冷热源确定及部分负荷分析

本项目作为保障遵义地区两会召开的重点项目，建设周期短而建设标准高，空调保障性要求高。会议中心空调负荷特点是运行时段短且集中，短时间负荷需求大。

本项目在前期对多种方案进行经济技术性比较。如采用空气源热泵初投资和运行费用均比常规冷水机组＋燃气热水锅炉系统高约 50%；如采用地源热泵系统热响应时间长，初投资增量回收周期长达 60 年，远超设备使用寿命；结合项目负荷特点，本项目的冷热源系统设计采用了运行可靠、技术成熟的电制冷冷水机组＋燃气热水锅炉方案。

室内设计参数   表2

	室内温湿度参数				新风量 [m³/(人·h)]	A 声级噪声 (dB)
	夏季		冬季			
	温度 (℃)	相对湿度 (%)	温度 (℃)	相对湿度 (%)		
观众厅	25	50	22	40	20	NR35
舞台	24	50	22	40	20	NR35
同声传译	24	50	22	40	20	NR25
排练厅、乐池区	24	50	22	40	20	40
化妆室	25	60	22	40	30	45
服装、道具	26	60	22	40	30	45
贵宾室、VIP休息室	24	50	22	40	50	40
宴会厅	25	50	22	40	40	45
国际会议厅	25	50	22	40	40	40
新闻中心	24	50	22	40	40	40
大会议室	24	50	22	40	40	40
办公室/后期办公室	25	50	22	40	30	45
卫生间	26	60	20	自然湿度	排风 15h⁻¹	50
门厅、大堂	26	60	18	自然湿度	20	50
走道	26	55	16	自然湿度	10	50

经逐时逐项负荷计算，在扣除分散式空调、多联机空调系统所承担负荷后，会议中心集中空调系统计算冷负荷为7228kW，热负荷为5581kW。在综合分析各功能区域人员流动和负荷迁移情况（如分组会议室和主会议厅人员不会同时聚集等）及保障要求后，空调冷源采用2台制冷量为2960kW的离心式冷水机组及1台制冷量为1157kW的变频螺杆式冷水机组，采用台数控制加变频控制的方式，可满足空调部分负荷需求及冷量调节的要求，冷水供回水温度6℃/12℃，冷却水供回水温度32℃/37℃。空调热源设置3台1911kW的燃气热水锅炉，供回水温度为60℃/50℃。

以上两大一小的机组搭配组合采用台数及变频控制，能满足不同季节不同负荷率时都处于高效区运行。如表3所示。

主机在部分负荷率下的运行组合方案   表3

负荷率	100%	75%	67%	44%	29%	21%	≤8%
总冷量需求（kW）	7077	5308	4440	3088	2059	1480	≤579
主机组合模式	Ⅰ-100% Ⅱ-100% Ⅲ-100%	Ⅰ-75% Ⅱ-75% Ⅲ-75%	Ⅰ-停机 Ⅱ-75% Ⅲ-75%	Ⅰ-75% Ⅱ-75% Ⅲ-停机	Ⅰ-50% Ⅱ-50% Ⅲ-停机	Ⅰ-停机 Ⅱ-50% Ⅲ-停机	Ⅰ≤50% Ⅱ-停机 Ⅲ-停机
开启台数	3台	3台	2台	2台	2台	1台	1台（变频）

备注：Ⅰ为螺杆式冷水机组，Ⅱ和Ⅲ为离心式冷水机组。

由于会议中心的特殊运营需求，在无重大会议举办时，会议中心对外开放运营的区域主要是宴会厅区域，包括宴会厅、前厅及对应的公区等，根据负荷模拟分析结果（见表4），以上区域空调运行时，逐时冷热负荷如图2所示。

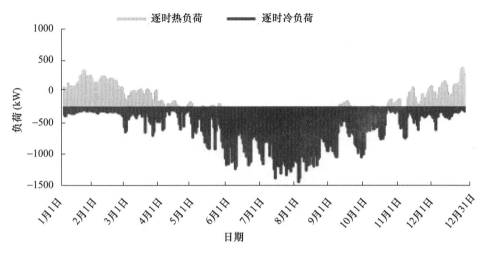

图2　宴会厅区域逐时冷热负荷

宴会厅区域冷热负荷模拟情况　　　　　　　　　　　　　　表4

最大冷负荷（kW）	1204
最大热负荷（kW）	658
冷负荷模拟时长（h）	5284
热负荷模拟时长（h）	2430

根据表4负荷结果，宴会厅区域在制冷季最大负荷为1204kW，而大部分时间段都是低于这个负荷运行，如图3，4所示，开启螺杆式冷水机组（1157kW）进行供冷即可满足要求，在大部分低负荷率情况下，螺杆式冷水机组变频能更好地适应负荷变化，使机组以较高效率运行。

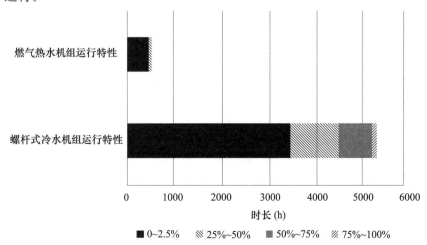

图3　冷水机组及锅炉不同负荷区间运行时间（部分负荷情况下）

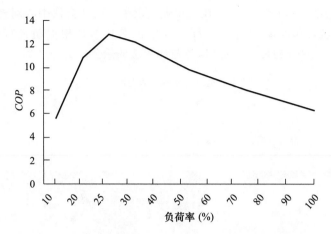

图 4   变频螺杆式冷水机组 *COP* 与部分负荷性能参数趋势图

宴会厅区域均设全空气系统，在过渡季时可实现全新风运行，解决内区存在的过热问题。在制热时可开启 1 台锅炉，燃气锅炉采用气候补偿、变频泵、比例调节燃烧器、锅炉水温控制等多种技术措施，实现 30%～100%负荷率下能保持高效率节能运行。

项目投入使用后通过现场调研发现，会议中心全负荷或高负荷率运行时段极少，调研情况与前期设计分析特点基本一致：运行时段短且集中，短时间负荷需求大，大部分时段都是在低负荷运行，局部区域比如宴会厅区域等全年使用频率较高。目前空调系统使用情况良好，温湿度、风速、噪声等均达到设计要求。

2. 空调水系统

空调水系统的设计本着降低初投资、节省运行费的原则，合理规划站房位置，优化环路划分，以满足实际使用需求。

（1）与建筑专业密切配合，将空调冷热源站房设于靠近负荷中心位置，减少水系统作用半径及输送能耗。

（2）根据建筑负荷特点及需求合理设置空调水系统，会议中心进深较大，内区较多，且项目标准定位高，为满足不同人员的冷热需求，且适应过渡季和冬季内外区供冷供热的不同需求，本项目采用四管制空调水系统，四管制运行工况时可开启 1 台变频螺杆式冷水机组＋1 台或多台热水锅炉。

（3）采用一级泵变流量系统，并适当加大供回水温差（6℃），减少运行能耗。

（4）冷水机组设置冷凝器在线自动清洗装置，利于提高机组运行效率。冷却塔采用并联运行，充分利用冷却塔的散热能力，降低冷却水温逼近度，提高制冷效率。根据冷却水供水温度控制冷却塔风机变频运行，减少风机能耗。

（5）针对会议中心主会场及各分组会议室建筑功能和布局特点，空调水系统按照各主要使用区域分区分组设置环路、立管，便于使用和检修。

（6）针对会议中心高大门厅等区域的空间及使用特点，设置地面辐射供暖系统，改善高大空间冬季供暖问题。

3. 各区域空调系统形式

空调风系统的设计本着良好的气流组织、减少运行能耗、提高室内空气品质等原则，根据空间特性和使用要求设置相对应的空调系统。

（1）针对大型会议中心的空间特性和使用要求，主会议厅池座区域设置二次回风全空气系统，结合座椅设置座椅送风柱，控制送风风速和温差，保证送风舒适性；楼座区域采用一次回风，采用温控散流器或旋流风口均匀上送风；回风口结合内装效果，两侧集中回风并控制风速。

二次回风系统根据图 5 空气处理过程，选择单台送风量 45000m³/h，新风量 9000m³/h，一次回风量 13500m³/h，二次回风量 22500m³/h，冷量 165kW，机外余压 500Pa，电功率为 30kW 的组合式空调器（共 2 台）。

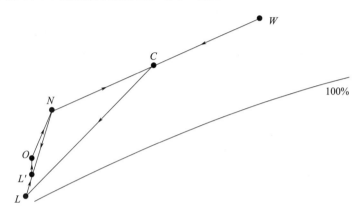

W—室外状态点（31.8℃，55.3%）；N—室内状态点（25℃，50%）；
C——一次回风混风点（27.9℃，58.5%）；L—机器露点（16.5℃，90%）；
L′—二次回风混风点（20℃，76%）；O—送风状态点（21℃，71.4%）（含风机温升）

图 5　二次回风夏季空气处理过程图

若采用一次回风系统，空气处理至机器露点后，为满足送风温差需再热至送风状态点（21℃）。机器露点与送风状态焓差 6.5kJ/kg，所需再热量 39kW。表冷器除承担室内冷负荷外，需额外承担冷量（39kW）导致机房系统（主机和水泵，综合能效 EER 值按 4 计算）增加电耗 9.75kW，共增加电耗 48.75kW。

若以全年制冷季运行时间 500h 计算，二次回风比一次回风可减少能耗 24375kW·h。

（2）针对舞台区的使用特点，设置独立的一次回风全空气系统，送风管位置结合舞台工艺需求避开主要舞台设备，采用球形喷口对舞台区进行侧送风，下部集中回风；舞台表演区的送风口均配置电动调节阀，以便在表演时，根据需要调控或关闭相应风口，避免吹动幕布及布景。

（3）主要门厅、中餐厅、国际会议厅、新闻发布中心、大型会议室等高大空间采用一次回风全空气系统，风口形式及位置和精装紧密配合，既保证美观，又保证气流组织合理性，高大空间均采用下部回风方式，风速控制在 1.5m/s 以内，避免噪声偏大及局部气流扰动。

（4）会议中心内区面积较大，针对内外区负荷或使用需求的差异特点，内外区新风独立设置，内区新风量加大，在过渡季或冬季可通过新风消除室内余热，节约能源。

（5）针对排练房等新风负荷较大的房间，设置排风全热回收系统。

四、通风防排烟系统

1. 通风系统

（1）充分利用可开启外窗自然通风，各主要功能房间尽可能多设可开启外窗，加强自然通风效果。

（2）针对内区大空间、大厅及公共通道，进行风量平衡计算，并采取相应措施以确保该空间在空调季节及过渡季节的风量平衡。宴会厅、舞台、国际会议中心、新闻发布中心、政协常委会议室等区域均采用大小搭配的排风机组合，小排风机满足空调季节最小新风量的排风需求，大小排风机同时开启满足最大新风比运行时的排风要求。

（3）调光柜室、功放室等设置独立的机械通风系统，排风口设于废热产生处，及时有效地消除室内设备发热量，尽可能减少空调运行能耗。

（4）化妆室、库房、舞台区台仓等内区房间均设有组织机械排风系统，保证通风效果和消除异味。

2. 防排烟系统

本项目防排烟系统设计执行 GB 50016—2014《建筑设计防火规范》，具体技术措施参照 GB 50045—95《高层民用建筑设计防火规范》（2005 年版）及 GB 50016—2006《建筑设计防火规范》中关于防排烟系统的相关规定，相关设计要点如下：

（1）排烟系统均按防火分区设置，针对同一空间，采用同一种排烟方式。

（2）中庭设置机械排烟系统，中庭体积大于 17000m³ 时，按 4h⁻¹ 换气次数计算排烟量，中庭体积小于 17000m³ 时，按 6h⁻¹ 换气次数计算排烟量，在屋面每个中庭顶部设置排烟风机，平时排风兼做火灾排烟，平时排风可消除废热，火灾时由弱电信号控制开启排烟风机进行机械排烟。

（3）会议中心主会议厅和舞台区分别设置独立的机械排烟系统及对应的补风系统，火灾时由弱电信号控制开启排烟风机及补风机。主会议厅排烟量按换气次数 13h⁻¹ 计算及排烟量 90m³/(m²·h) 计算，两者取大值，舞台按 60m³/(m²·h) 计算，补风量不小于排烟量的 50%。

（4）地上密闭房间均采用机械补风方式，补风量大于排烟量的 50%。

五、运行控制策略

为方便运行管理、节约能源，空调、通风系统采用全面的检测与监控；空调通风系统采用集散式控制，其自控系统作为控制子系统纳入楼宇控制系统。检测与监控内容包括参数检测、参数与设备状态显示、自动调节与控制、工况自动转换、设备连锁与自动保护、能量计量以及中央监控与管理等。

本项目制冷机组、冷水泵、冷却水泵和冷却塔等采用机房群控技术，同时部分设备采用变频控制方式，节能运行。空调冷热源系统根据负荷情况，采用多台冷（热）水机组和输配设备，在部分负荷工况时，可根据负荷需求进行台数控制和单机出力调节。空调末端可根据室内温度调节进入每台空调机组的空调水量，以实时跟踪和满足负荷需求。局部区域设置分体空调或多联空调系统，可根据实际情况启停对应的空调系统。

对于遵义地区，室内空调系统的运行需求需考虑空调工况（供冷和供热）和过渡季工况，以池座二次回风系统的控制策略为例，空调机组控制原理如图6所示。

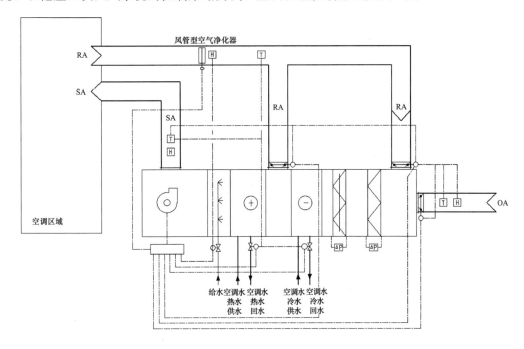

图6　二次回风空调机组控制原理图

（1）空调供冷工况，采用最小新风比，新风阀设于最小开度。室内温度的控制由送风温度的调节实现。根据实测送风温度与设定值的偏差，调节一、二次回风阀开度及盘管回水管上的电动两通调节阀开度，以保证室内温度达到设定值。

（2）空调供热工况，采用最小新风比，新风阀设于最小开度，一次、二次回风阀设于最大开度。室内温度的控制由送风温度的调节实现，根据实测送风温度与设定值的偏差，调节一、二次回风阀开度及盘管回水管上的电动两通调节阀开度，以保证室内温度达到设定值。制热工况下可根据室内湿度与设定值的偏差控制加湿给水管上电动两通阀的启闭，以保证室内湿度达到设定值；防冻保护，电动两通热水调节阀先于风机和风阀开启，后于风机和风阀关闭，设置电动两通热水调节阀最小开度限制。

（3）过渡季工况，当室外空气焓值在回风焓值与要求的送风焓值之间时，关闭回风阀，新风阀全开，最大化利用室外新风冷源；当室外空气焓值低于要求的送风焓值，调节新风阀和回风阀的开度，使混风温度达到要求的送风温度以控制室温；过渡季节排风机与空调机组连锁启停，并根据新风量的变化通过风机台数或转速变化调节排风量。

六、工程主要创新及特点

（1）对空调负荷进行模拟分析，特别是对部分负荷进行有效分析，以支撑空调冷热源设备配置及运行策略。

（2）空调水系统采用一级泵变流量系统，并适当加大供回水温差，减少运行能耗，采用四管制方式以满足同时供冷供热需求。

（3）会议室、宴会厅、国际会议厅等人员密集且随时间变化大的区域设置二氧化碳监测系统，并且与新排风机联动，保障室内空气品质，降低运行能耗。

（4）项目内存在较多高大空间，采取以下措施避免高大空间烟囱效应：配合建筑专业设置门斗和遮阳措施；大厅设置地面辐射供暖系统，并设置两道热风幕，采用电热风幕＋普通贯流式风幕的方式，以确保大厅空调效果；高大空间空调负荷考虑充分，采用直接对人员活动区空调送风方式，风口可调节送风角度和风量；设置对应排风系统，以便调控排出废热。

（5）重点区域的设备噪声控制和消声设计。主会议厅地下室机房与会议厅之间设置夹层，避免贴邻造成振动传声；结合土建空间关系，主会议厅座椅下静压箱设置吊顶静压箱和土建静压箱两种做法，保障静压箱的消声效果；会议厅、新闻发布厅等声学要求高的房间送风、回风主管均设置两级或三级消声器，满足室内声学要求；同声传译等房间空调末端设置在房间外面，气流组织采用侧送侧回，避免噪声源设置在室内。

（6）利用数值模拟工具对会议中心内高大空间主会议厅的气流组织进行 CFD 模拟，对夏季工况室内风热环境进行了分析验证，并根据模拟结果优化系统和气流组织设计。

根据 CFD 模拟结果，主会议厅人员活动区域温度大部分都低于 24℃，满足设计要求。但 2 层楼座的观众席部分区域温度相比池座座椅送风区域高，局部温度超过 26℃，分析楼座温度偏高的原因可能在于人体是主要热源，且模拟采用普通风口顶送风方式，不能快速有效地把热量带走，导致局部温度较高。针对此情况，设计改进气流组织措施，空调送风口采用可调变流态旋流风口，可根据季节需求和使用需求调节角度和风速，满足送风射程需求，同时在两侧合适位置增设下部回风口，使气流流线更为合理。观众厅及舞台闷顶处温度较高，设置空调季节平时排风机，可及时排除闷顶处热空气。

经项目投入运行后调研，主会议厅运行时整体情况良好，池座及主席台区域舒适度较高，座椅送风基本无吹风感，无人耳可闻噪声。经后期实测，在空调稳定运行一段时间后，2 层楼座处的温度均低于 26℃，满足人员舒适度要求。

（7）专项配合设计完成度高。与装饰设计紧密配合，掩藏、美化暖通设备、管道、管件及风口。在满足装饰设计视觉效果的同时，保证系统功能和气流组织合理，确保装修效果。

对主会议厅、同声传译等声学要求高的区域，在声学顾问公司的配合下规避噪声源贴邻或设在室内，采取多级消声、设备隔振等措施来满足声学要求。

根据舞美工艺提供的装饰照明、耳光室、调光柜室、功放室等散热量及室内工艺布置，合理配置相对应的空调系统和机械通风系统，并优化室内气流组织。

本项目在设计全过程及后期施工过程中，设计团队均全程参与。在过程中与总包方及业主方密切沟通，并派驻专业人员进行驻场设计及指导施工，与专项设计及工艺等密切配合，施工及调试全程跟踪控制，最终实现了设计目标，取得了良好效果。

光环新网上海嘉定数据中心工程

- 建设地点： 上海市
- 设计时间： 2015 年 8 月—2016 年 5 月
- 竣工时间： 2017 年 6 月
- 设计单位： 中国建筑标准设计研究院有限公司
- 主要设计人： 赵春晓　吴晓晖　陈　玥　吴玉琴　孙永霞　卫军锋　何晓微
- 本文执笔人： 赵春晓

作者简介：

赵春晓，高级工程师，就职于中国建筑标准设计研究院有限公司。主要从事于数据中心工程的规划、设计工作。参与完成的项目荣获了"中国建筑设计奖一等奖（暖通专业）""北京优秀工程勘察设计奖（建筑环境与能源应用）一等奖"以及"建筑环境与能源应用工程专业青年设计师大赛"二等奖等多个奖项。

一、工程概况

光环新网上海嘉定数据中心位于上海市嘉定工业区，园区占地约 3.07 公顷，园区内建筑包括一栋厂房楼、一栋办公楼和一栋动力中心楼。其中，数据中心楼为既有厂房改造建筑（本文主要介绍数据中心建筑），总建筑面积约 2.86 万 m^2，建筑高度为 23.35m，地上 2 层，局部 6 层，见图 1。

图 1　园区总平面效果图

主机房共设计 16 个模块，可提供 4500 台 42U 标准服务器机柜，单机柜功率密度 4～6kW，主机房实拍图见图 2。数据中心按照 Uptime Institute TIER Ⅳ 标准设计，电气供配电系统、空调系统、综合布线系统均按照 TIER Ⅳ 级别要求的容错架构配置，为电子信息设备提供安全、可靠的保障。

图 2　主机房实景图

本文主要介绍了该工程暖通空调系统的设计。本项目冷源分为中温冷源和低温冷源，中温冷源为工艺区（主机房及支持区等）服务，中温冷负荷最大值为 18280kW，单位空调建筑面积冷指标为 966.5W/m²；低温冷源为生活区（宿舍和办公）服务，低温冷负荷最大值为 1231kW，单位空调建筑面积冷指标为 150.8W/m²；冬季供热热负荷为 1326kW，单位空调建筑面积热指标为 162.5 W/m²。

二、暖通空调系统设计要求

1. Tier Ⅳ 对空调系统的要求

本项目对可靠性要求较高，整体参照 Uptime Institute Tier Ⅳ 级别设计，要求的空调系统按照容错架构配置，且满足可实时在线维护需求。

Tier Ⅳ 等级的基本要求见表 1。

Tier Ⅳ 等级的基本要求	表 1
指标	Tier IV 容错
支持 IT 负载的最小容量组件	N（在任意故障后）
分配路径	2 个同时主用在线
可同时维护	是
容错性	是
物理分区	是
连续制冷	是

2. 设计参数

负荷计算用气象条件结合项目所在地极端天气，夏季室外空调计算干球温度按照 45℃ 取值，夏季室外计算湿球温度按 30℃ 取值。

室内结合主机房 IT 设备的温湿度要求，室内设计参数见表 2。

室内设计参数 表2

房间名称	夏季		冬季	
	温度（℃）	相对湿度（%）	温度（℃）	相对湿度（%）
主机房（冷通道）	20±2	40～60	20±2	40～60
主机房（热通道）	32±2	40～60	32±2	40～60
变配电室	32	30～70	32	30～70
电池室	20～30	30～70	20～30	30～70
门厅	26～28	50～65	16～18	—
走廊	25～27	50～60	16～18	≥40
办公用房	25～27	50～60	18～20	≥40

三、暖通空调系统方案

1. 空调系统方案比选

本项目建筑主体结构已经建设完毕。经实地勘察，同时考虑对主体建筑结构改造程度最小的方案，本项目空调系统可采用的冷源有水冷集中空调系统、风冷集中空调系统及氟泵空调系统。考虑整体工程的规模、系统运行稳定性与安全性等因素，3种方案对比见表3。

3种方案对比 表3

	水冷集中空调系统	风冷集中空调系统	风冷氟泵空调系统
系统主要设备	冷水侧：冷水机组＋水泵＋末端空调 冷却水侧：冷水机组＋冷却塔＋水泵	带自然冷却风冷冷水机组＋水泵＋末端空调	室内机＋室外机＋氟泵
载冷介质	水	水	制冷剂
自然冷源利用时间	通过冷却塔和板式换热器利用自然冷源，自然冷却时间长	通过自然冷却盘管利用自然冷源，自然冷却时间相对短	通过氟泵利用自然冷源，自然冷却时间短
年运行费用	低	较高	高
系统能效	高	较低	低
控制系统	需设置完善的控制系统，控制复杂	需设置完善的控制系统，控制复杂	机组自带控制系统，控制较简单
可维护性	系统复杂、维护较难	维护较难	维护简单
占用面积	室内需制冷站，室外需设置冷却塔，室外占地较小	室内无须制冷站，室外占地面积稍大	室内无须制冷站，室外机占地相对较大
适用规模	大型数据中心	中小型数据中心	小型数据中心

本项目属于大型数据中心，通过上述对比分析，水冷集中空调系统适用于本工程，且空调系统能效相对最高。综合考虑工程规模、空调系统可靠性、可在线维护性及能效等因素，最终选择集中式水冷空调系统方案。

2. 冷源系统

本工程数据中心按照 Uptime Institute TIER Ⅳ 标准设计, 空调系统按照容错架构配置, 制冷站采用 $N+N$ 配置, 2 个冷源互为备用。并且配备独立的动力系统 UPS, 可实现 15min 不间断供冷。

数据中心 1 层北侧配备 A、B 两个独立的制冷站, 每个制冷站配置 4 台高压离心式冷水机组和 4 台板式换热器, 整体共配置 8 台高压离心式冷水机组和 8 台板式换热器。单台离心式冷水机组的制冷量为 1300rt。每台冷水机组前端串联 1 台板式换热器, 与制冷机形成自然冷却制冷单元, 可于冬季或过渡季节开启自然冷却模式, 有效减少制冷机全年耗电量, 降低数据中心整体 PUE。屋顶共有 8 台开式逆流冷却塔, 每个制冷站对应 4 台。室外设有 2 个开式蓄冷罐, 单罐容积为 500m³, 2 个蓄冷罐分别接入 2 个制冷站的冷水系统中, 为该站的冷水系统提供不少于 15min 的后备供冷时间。

每个制冷站内空调系统动力由 4 台冷水一级循环泵、4 台冷水二级循环泵和 4 台冷却水循环泵提供。冷水泵均为变频控制, 并由 UPS 供电, 保证空调动力系统稳定。空调冷水系统设有自动定压补水装置, 保证空调系统管道压力稳定。空调冷水系统均设有水处理设备, 其中冷水系统设有旁流式水处理设备及软化水设备, 冷却水系统设有全程式水处理设备及加药装置。

3. 热源系统

本项目配置 1 台螺杆式水源热泵机组, 单台制冷量 1231kW, 制热量 1326kW。数据中心空调系统的回水经过水源热泵机组提取部分热量为办公区、宿舍区提供冬季供暖, 提供热水供回水温度为 45℃/40℃。数据中心全年散热量恒定, 可提供稳定的 12℃/18℃ 中温水。水温每提高 1℃, 机组平均功耗降低 2.5%。利用数据中心提供的 18℃ 中温水通过水源热泵的提升为办公区、宿舍区供热, 相比较常规工况的热泵机组, 可大大提高热泵的能效。结合本项目冬季实际的供暖需求, 利用数据中心余热为办公区、宿舍区制热, 供暖季可节约 43000kW·h 的能量, 水源热泵系统流程图见图 3。

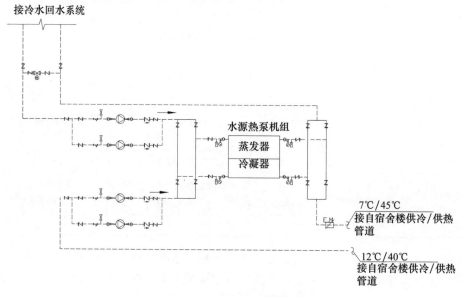

图 3　水源热泵系统流程图

4. 空调水系统

空调水系统定压点设定值为 0.25MPa，冷水供回水温度为 12℃/18℃，冷却水供回水温度夏季为 33℃/38℃，冬季使用板式换热器实现自然冷，水温为 10.5℃/15.5℃。

A、B 2 个空调系统采用 2N 架构，互为备用，在公共区域用防火板物理隔离。任何设备及构件的退出不会影响 N 的运行，机房专用空调采用双盘管精密，分别接受 A、B 系统制冷站提供的冷水，平时运行时 A、B 2 个系统同时在线分别提供 50% 的冷量。空调制冷站和管路设置电动阀门，当任一路空调系统故障时可自动切换到另一路。

空调水系统管路采用双路环状管路设计，并用分段阀门隔离各个故障点，保证单点故障时有效隔离故障，系统仍正常运行。空调冷水系统采用二级泵变流量系统，根据末端负荷调节，确保冷水机组高效节能运行。

5. 末端空调系统及气流组织形式

本项目数据中心空调末端系统主要设备包括：精密空调、恒湿机组、风机盘管等。模块机房环境温湿度指标满足 GB 50174—2017《数据中心设计规范》中 A 级机房设计标准。

模块机房精密空调采用冷水双盘管精密空调，下沉式 EC 风机，每个模块机房按照 N+2 备份配置精密空调，气流组织形式为下送风上回风的形式。A、B 两个制冷站的冷水分别接入精密空调的两组盘管，使管路系统形成 2N 架构。A、B 环路公共区间每台精密空调下方均设有独立的漏水报警绳与该台精密空调连接，报警信息将通过监控系统传输至监控大厅；每个空调间地面拦水坝内还单独围绕拦水坝铺设一圈漏水报警绳，以监测环管漏水情况，实现双重保护。

高、低压变配电室和 UPS 室区域采用风冷直膨式上送风侧回风精密空调，均为 N+1 冗余配置。每个机房分区按照 N+1 冗余配置，室外机位于室外。

模块机房采用独立加湿系统，每个模块机房配置一台恒湿机。加湿给水由制冷站全自动软水器提供软化水。

本项目主机房设置新风系统。按照规范要求：主机房应维持正压，主机房与其他房间、走廊的正压差不小于 5Pa，与室外静压差不小于 10Pa。新风机组采用风冷直膨式冷机，夏季采用室内等焓线送风，新风机组仅负担新风部分湿负荷，冬季采用等室内露点温度送风，防止风口结露，新风机组设粗、中效空气过滤器，冬季不做加湿处理。

6. 对标 Tier Ⅳ 级别

一个容错的数据中心同时具有多个、独立的、物理隔离的系统来提供冗余容量组件，冗余容量组件和多种不同的分配路径的配置应使 N 容量在任何基础设施故障后能继续为关键环境提供冷却。为所有关键空间提供一个满足 IT 设备 ASHRAE 最大温度变化范围的稳定环境工况。连续供冷的持续时间应该能保证持续供冷至机械系统恢复在极端环境条件下运行所提供的额定制冷量。

按照 Tier Ⅳ 级别的要求（见表 4）进行对标设计。

Tier Ⅳ 级别要求　　　　　　　　表 4

指标	Tier Ⅳ 要求	设计响应
极端气象参数	设备选型容量满足极端环境工况	按照上海当地 ASHRAE $N=20$ 年极端温度作为容量选型
支持 IT 负载的最小容量组件	N 在任意故障后	冷源 $N+N$ 配置
分配路径—机械路径	2 个同时主用在线	水系统采用 A、B 两路双环管设计，互为备用，每一路均采用单点故障的连接形式
可同时维护	冗余容量组件	冷源和空调配置按照 $2N$ 系统架构，以实现容错
可同时维护	制冷系统管道路径满足同时可维护及容错的要求	两个制冷站的供回水管路分别从建筑物不同位置的竖井到达各楼层，两套冷源管路做到物理隔离，以实现容错
可同时维护	任何容量系统、容量组件或分配元件的单一故障都不会影响关键环境	空调系统上任何一个组件损坏时，不会影响整个系统正常运行，且满足可同时在线维护
冷却水补水系统	12 小时补水量，且满足可在线维护	设置 12h 补水池，补水管路及阀件可同时维护
容错性	是	空调系统采用 $2N$ 架构
物理分区	是	两个制冷站的供回水管路分别从建筑物不同位置的竖井到达各楼层，两套冷源管路做到物理隔离，以实现容错
连续制冷	是	设置蓄冷罐分别接入两个制冷站的冷水系统，提供不少于 15min 的后备供冷时间

四、通风及防排烟系统

（1）主机房、高低压配电间、UPS 间、电池间等设置气体消防的场所内设置机械送排风系统，作为气体灭火后使用，气体灭火后通风换气次数满足 $5h^{-1}$。气体消防时，关闭进出房间风管的电动风阀形成封闭空间，气体消防后，应先启动事故排风系统，待安全后人员再进入。

（2）电池间通风包括平时通风、事故通风及气体消防后清空排风。

（3）钢瓶间设机械排风系统，平时兼做事故排风，换气次数为 $12h^{-1}$。

（4）制冷机房设机械送排风系统，平时兼做事故排风。平时通风换气次数以 $6h^{-1}$ 计算，事故时按照 $12h^{-1}$。

（5）本项目超过 20m 的内走道均设置机械排烟系统。排烟口的设置按照 GB 51251—2017《建筑防烟排烟系统技术标准》中 4.4.12 条的要求，且防烟分区内任一点与最近的排烟口之间的水平距离不大于 30m。

（6）本项目地上部分的封闭楼梯间在最高部位设置不小于 $1m^2$ 的可开启外窗，每 5 层可开启外窗面积不小于 $2m^2$，且布置间隔不大于 3 层，满足自然通风要求。

五、控制系统

本工程自动控制系统采用直接数字控制系统（DDC 系统），空调系统分为 3 种模式，电制冷模式、部分自然冷却模式及完全自然冷却模式，3 种工况切换由 DDC 自控系统实现。

在冬季温度较低时，可以利用自然界免费的冷源进行供冷，在环境温度低于室内温度时开启自然冷却功能，尽量减少冷水机组压缩机功耗，使系统达到最佳的节能效果。空调系统分为 3 种模式，电制冷模式、部分自然冷却模式及完全自然冷却模式，3 种工况切换由 DDC 自控系统完成。夏季制冷模式，此时采用冷水机组单独制冷，通过冷却塔进行换热，冷水机组提供空调用冷水。过渡季节开启联合制冷模式，自然冷却和冷水机组制冷同时进行，冷却水经板式换热器冷却冷水回水，冷水经板式换热器部分冷却后进入蒸发器，冷水机组压缩机制冷比例逐渐减少，直至温度足够低时实现完全自然冷却。冬季室外温度低至可完全提供机房需求的冷量时，开启完全自然冷却模式，此时冷水机组压缩机关闭，仅通过冷却塔自然冷却进行换热，且随着外界温度的逐步降低，使机组制冷量与机房需求冷量完全匹配，空调系统运行耗能达到最低。

1. 运行参数

模式的转换由单元控制器根据室外空气湿球温度及稳定性、冷却塔风机单元负荷、冷水机组及板式换热器的运行状况综合确定，系统给出建议运行模式提示，运维人员干预切换模式变化。

当室外湿球温度 $t_s > 12℃$（可调）时，冷却塔出水温度 $t_1 > 16.5℃$ 稳定运行，制冷机工作，板式换热器不工作，系统为正常制冷模式。当室外湿球温度 $6℃ < t_s ≤ 12℃$（可调）时，冷却塔出水温度 $10.5℃ < t_1 ≤ 16.5℃$ 时稳定时，且冷却塔风机频率小于等于 30Hz（可调），此状况持续时间达到 35min（可调），系统可进入过渡季模式，冷水机组工作、板式换热器工作，系统进入预冷模式。当室外湿球温度 $t_s ≤ 6℃$（可调）时，冷却塔出水温度 $t_1 ≤ 10.5℃$，制冷机停止工作，板式换热器工作，系统进入完全自由冷却模式。

2. 自控系统的形式

制冷站内的控制器设置包括：2 台群控控制器和 8 套冷冻单元设置的 8 台 PLC 单元控制器。所有控制器、电动阀的控制柜上口均采用双路供电（ATS 切换）的方式。

制冷站 A/B 站机组间相互独立，各 4 套机组，每套机组都可切换至投运与维护状态，当机组处于投运状态时才可参与群控功能，机组切换至维护状态时不参与群控功能，以便机组设备检查维护。机组处于投运状态时可分为主机与辅机两种状态，辅机即为热备用机组，主机即当前使用机组。系统一键启停会启动当前站的所有主机机组，辅机作为热备用机组。

六、工程主要创新点

本项目采用了多种新技术及节能措施提高空调系统能效，设计 PUE 目标值为 1.3，主要技术特点如下：

1. 自然冷却

在冬季温度较低时，可以利用自然界免费的冷源进行供冷，在环境温度低于室内温度时开启自然冷却功能，尽量减少冷水机组压缩机功耗，使系统达到最佳的节能效果。空调系统分为 3 种模式，电制冷模式、部分自然冷却模式及完全自然冷却模式。

2. 水泵变频控制

冷水泵和冷却水泵采用变频控制，水流量根据室外温度及机房负荷变化而变化，调节变频水泵，改变用户侧水量，实现按需供水。极大地减少水泵的耗电量。

3. 冷通道封闭

数据机房区域采用水冷式下送风上回风精密空调。各机房均采用 $N+2$ 冗余配置，下送风各空调系统采用风管送风进入活动地板，利用集中回风口进行回风。采用封闭冷通道，下送上回的气流组织形式，既减少了冷热气流相互抵消的冷量损失，还减少了精密空调风机压头损耗。

4. 提升冷水供回水温度

本项目供回水温度设计为 12℃/18℃。提升冷水的供回水温度，对冷水机组的运行效率及冷水循环泵的输送能耗均有显著的节能效果。蒸发器温度提高，可以提高制冷机组的能效。大大提升了冬季完全自然冷却和过渡季节部分自然冷却的运行时间，也即大大缩短了冷水机组压缩机运行的时间，从而实现了更有效利用室外冷源的目的，更加节能。冷水机组进出水温差 6℃，系统水流量减少，实现水泵的节能。

5. 机房 "废热" 利用

为了充分利用数据机房的 "废热"，本项目办公用房冬季采用水源热泵系统，利用数据机房的 "废热"，经过水源热泵的提升，作为办公、宿舍的冬季热源，从而减少冬季空调耗能，达到能量综合利用的效果。本项目数据中心全年散热量恒定，可提供稳定的 12℃/18℃ 中温水。水温每提高 1℃，机组平均功耗降低 2.5%。利用数据中心提供的 18℃ 中温水通过水源热泵的提升为办公室、宿舍区供热，相比较常规工况的热泵机组，可大大提高热泵的能效。

6. 冷热电三联供

本项目设置了冷热电三联供能源站，通过在动力站 A 和动力站 B 预留的冷水管接口与能源站冷水系统连接。共设计 4 台吸收式溴化锂冷水机组、5 台冷水泵、5 台冷却水泵和 4 台冷却塔。空调冷水系统采用二级泵变流量系统（二级泵在电制冷动力站 A 和 B 内，能源站设置了一级泵系统），冷却水系统为一级泵变流量系统，水泵均为 $N+1$ 设置。冷水供回水温度 12℃/18℃，冷却水供回水温度 33℃/38℃。当开启三联供能源站时，发电机组运行时提供烟气及热水，当供水温度达到 12.5℃ 时，电制冷冷水机组逐步卸载，溴化锂机组逐步加载。通过溴化锂机组，为数据中心提供 12℃/18℃ 冷水。三联供能源站为整个数据中心园区节约了能源，也为企业带来了收益，减少了环境污染。

7. 完善的数据中心监控管理系统

将 IT 和设备管理结合起来对数据中心关键设备进行集中监控、容量规划等集中管理。实现 "集中监控、精确定位故障、高效管理" 的管理模式。本项目监控的设备及系统主要包括配电系统、UPS 系统、精密空调系统、新风系统、机房各区域和各个机柜内部的温湿度、漏水检测、消防、门禁系统、视频监控等，并集成到同一系统平台，实现对全机房所有监控系统的数据集中、数据统计、数据分析、统一管理等功能。

万科森林公园项目示范区
植物馆及展示中心项目

- 建设地点： 青岛市
- 设计时间： 2021 年 6 月—12 月
- 设计单位： 青岛北洋建筑设计有限公司
- 主要设计人：郑晓羽　陈兆良　王学明
　　　　　　　刘　科
- 本文执笔人：郑晓羽

作者简介：

郑晓羽，大学本科，高级工程师，现任青岛北洋建筑设计有限公司机电所所长。作为机电负责人以来，完成各类设计项目 200 余项，其中大型公建项目 30 余项，教育类项目 10 余项，住宅项目 100 余项。设计项目多次荣获国家级、省级及市级奖项。

一、工程概况

万科森林公园项目示范区植物馆及展示中心项目总建筑面积 11800m²。地上 1 层，地下 2 层。地上 1 层层高 13.98m，功能为植物馆、书吧、展示中心，地下 1 层层高 6m，为健身中心及附属功能房间，地下 2 层为设备用房（见图 1）。

本工程冷热源采用超高效低环温热泵机组，采用 15 台额定制冷量为 130kW、制热量为 140kW 的热泵空调机组。室外机设置于植物馆西北侧空调室外机平台。制冷工况：供回水温度 7℃/12℃；制热工况：供回水温度 45℃/40℃。

图 1　项目外景图

空调系统夏季空调冷负荷 1838.44kW，冷负荷指标为 155.8W/m²。冬季空调热负荷 977.9kW，热负荷指标为 82.87W/m²。本项目空调设备投资 194.5 万元，设计、施工、管道材料费用投资 237 万元，合计为 431.5 万元。空调系统单位面积造价约为 365.7 元/m²。

二、暖通空调系统设计要求

室外计算参数见表 1，室内计算参数见表 2。

室外计算参数   表 1

青岛	台站信息：北纬 36°04′；东经 120°20′；海拔 76m					
季节	空调	供暖	风速	风向/频率	供暖期天数	大气压力
夏季	干球温度 29.4℃	—	4.6m/s	S（17%）	—	100.04kPa
	湿球温度 26℃					
	通风室外计算相对湿度 73%					
	室外计算日平均温度 27.3℃					
	通风计算干球温度 27.3℃					
冬季	干球温度 −7.2℃	干球温度 −5℃	5.4m/s	N（23%）	日平均温度≤5℃的天数：108d	101.74kPa
	相对湿度 63%					
	通风计算干球温度 −0.5℃					

室内计算参数   表 2

	温度（℃）		相对湿度（%）		新风量	A 声级噪声（dB）
	夏季	冬季	夏季	冬季		
1 层植物区	27	20	≤70	≤70	6000m³/h	≤45
1 层服务中岛	26	18	≤60	—	5000m³/h	≤45
卫生间	26	18	≤60	—	30m³/(人·h)	≤45
泳池区	28	28	≤65	≤65	40m³/(人·h)	≤45
客户休闲区	26	20	≤60	—	30m³/(人·h)	≤45
健身区	26	18	≤60	—	40m³/(人·h)	≤45
图书馆、阅览室	26	18	≤60	—	30m³/(人·h)	≤45
康体办公室	26	18	≤60	—	40m³/(人·h)	≤45
店总办公室	26	18	≤60	—	30m³/(人·h)	≤45
动感单车	26	18	≤60	—	40m³/(人·h)	≤45
瑜伽室	26	20	≤60	—	40m³/(人·h)	≤45
私教室	26	20	≤60	—	40m³/(人·h)	≤45
儿童体适能	26	20	≤60	—	40 m³/(人·h)	≤45
舞蹈区	26	20	≤60	—	40m³/(人·h)	≤45
教练室	26	18	≤60	—	40m³/(人·h)	≤45
客户休闲区	26	20	≤60	—	30m³/(人·h)	≤45
器械区	26	18	≤60	—	40m³/(人·h)	≤45

本项目集植物馆、项目前期展示中心、书吧、健身馆、泳池等各种功能为一体。既需要保证植物馆的正常温湿度，维持各类植物的正常生长，又要兼顾示范区展示中心的舒适室内环境植物馆温度要求，还要保证地下健身区、泳池区域人体舒适性。

示范区展示中心项目设计开发均先于整体工程，无市政热力或燃气可以利用。根据青岛春秋（包括初夏）温度适宜时间较长的特点，最大限度增加地上植物馆开窗面积，利用自然通风，既有利于植物的生长，又达到节能减排的目的。需加湿区域见图 2。

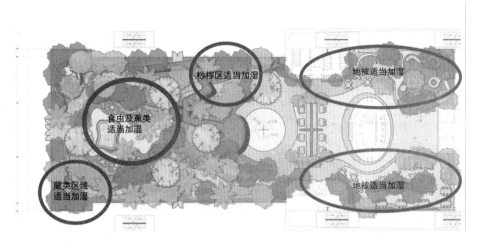

图 2 需加湿区域

三、暖通空调系统方案比较及确定

从建筑功能分区——植物区、客人区的不同温度需求入手进行空调系统设计，结合室内不同分区的温度需求，确定室内设计参数，并对可行的空调形式进行了对比分析（包括全空气系统、地板散热器、地板式风机盘管、除湿热泵系统等），最终确定植物区夏季采用二次回风系统，提高送风温度，保证人体舒适性，冬季采用一次回风系统，过渡季采用全新风运行。植物区送风末端采用地板送风，送风管道敷设于南北两侧送风地沟内，顾客休息区送至固定座椅及家具下部风箱，采用座椅送风。接待区、健身区、泳池区末端采用风机盘管＋新风空调系统。

1. 技术难点

本项目建筑功能较为复杂，集植物馆、项目前期展示中心、书吧、健身等各种功能于一体。既需要保证植物馆的正常温湿度，维持各类植物的正常生长，又要兼顾示范区展示中心的舒适室内环境。因此，本设计面临着诸多难点：如人与植物的温湿度需求不同之间的矛盾、前期展示中心临时运行与后期室内长期运行能耗大之间的矛盾、植物馆防结露设计、自然通风系统设计等。

2. 植物馆区域空调方案

基于植物馆场馆的特性及植物生长特性，根据置换通风原理，将处理过的空气采用地板送风的方式直接送入下部工作区，室内热源产生向上的对流气流，形成室内空气运动的主导气流。排风口设置在房间顶部，将污染空气排出。因高大空间气流组织置换通风较为复杂，为保证最终使用效果，进行了 CFD 气流模拟分析，结果见图 3~5。

地板送风设置：周边边沟设置地面送风口，用于夏季降低室内温度，冬天送热风，用于减少幕墙结露现象，同时向室内输送新风；根据室内布局，利用沙盘底部空间，在沙盘底部四周设置空调送风口，冬季送热风、夏季送冷风，改善人员闷热潮湿感受。空调风管布置在地沟内。

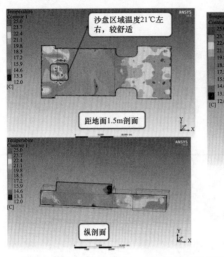

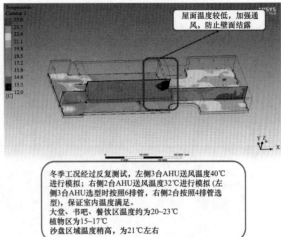

沙盘区域温度21℃左右，较舒适

距地面1.5m剖面

纵剖面

屋面温度较低，加强通风，防止壁面结露

冬季工况经过反复测试，左侧3台AHU送风温度40℃进行模拟；右侧2台AHU送风温度32℃进行模拟（左侧3台AHU选型时按照6排管，右侧2台按照4排管选型），保证室内温度满足。
大堂、书吧、餐饮区温度约为20~23℃
植物区为15~17℃
沙盘区域温度稍高，为21℃左右

图 3 空调系统冬季工况 CFD 模拟结果

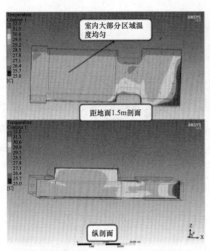

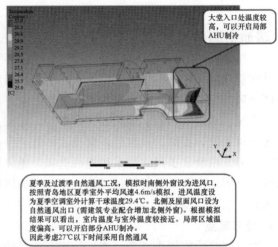

室内大部分区域温度均匀

距地面1.5m剖面

纵剖面

大堂入口处温度较高，可以开启局部AHU制冷

夏季及过渡季自然通风工况，模拟时南侧外窗设为进风口，按照青岛地区夏季室外平均风速4.6m/s模拟，进风温度设为夏季空调室外计算干球温度29.4℃。北侧及屋面风口设为自然通风出口（需建筑专业配合增加北侧外窗）。根据模拟结果可以看出，室内温度与室外温度较接近。局部区域温度偏高。可以开启部分AHU制冷。
因此考虑27℃以下时间采用自然通风

图 4 空调系统夏季及过渡季自然通风工况 CFD 模拟结果

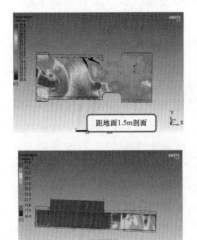

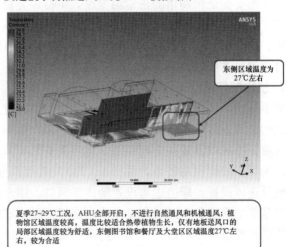

距地面1.5m剖面

剖面图

东侧区域温度为27℃左右

夏季27~29℃工况，AHU全部开启，不进行自然通风和机械通风；植物馆区域温度较高，温度比较适合热带植物生长，仅有地板送风口的局部区域温度较为舒适，东侧图书馆和餐厅及大堂区区域温度27℃左右，较为合适

图 5 空调系统夏季 AHU 全开工况 CFD 模拟结果

地板供暖：根据场馆布局情况确定布置地板供暖区域范围，以提高冬季人员舒适性和夜晚提供值班供暖温度。地暖布置区域为首层植物区人员参观走道。

夏季除湿：植物馆因植物浇灌或加湿喷雾，以及馆内瀑布散湿会产生大量湿气，场馆内湿度较高。当室外湿度较低时，新风直接送至人员活动区将热湿空气置换，以降低活动区湿度；当室外湿度较高时，开启空调制冷模式，降低温度的同时对人员活动区进行除湿。因空调除湿能力有限，植物馆内设置工业除湿机用以室内除湿。

3. 东侧销售中心空调方案

送风设备：组合式空调器，风机变频；一次回风系统，过渡季采用全新风系统。

空调形式：地板送风＋局部球形喷口。

设置区域：周边边沟设置地面送风口，用于夏季降低室内温度，冬天送热风，同时向室内输送新风。空调机组及风管均布置在地下夹层内。

地板供暖：东侧销售前厅布置地板供暖，以提高冬季人员舒适性和夜晚提供值班供暖温度。

4. 地下健身、泳池区空调方案

空调形式：健身区及接待区采用风机盘管＋新风空调形式。泳池区域采用除湿热泵全空气系统。

地板供暖：地下泳池区及健身接待区均布置地板供暖。

四、通风防排烟系统

1. 通风系统

（1）公共卫生间采用机械排风系统，换气次数 $15h^{-1}$。

（2）餐厅通风系统

预留厨房区采用机械通风方式，排油烟量按照 $60h^{-1}$ 换气次数计算，设置日常排风及事故排风，日常排风量/事故排风量不小于 $12h^{-1}$。

（3）事故通风及防爆设计

① 厨房事故通风的通风机设置在屋顶，在厨房便于操作的地方设置电器开关及电动风阀的控制开关，离地面 1.5m 处安装于墙体内。

② 事故通风根据放散物的种类设置相应的检测报警及控制系统。

③ 厨房事故排风机均采用防爆型风机。

2. 防排烟系统

（1）自然排烟设施

① 地上大空间通过可开启外窗采自然排烟，储烟仓高度范围内可开启外窗面积作为排烟有效面积，每个防烟分区可开启外窗面积不小于 $41.7m^2$。

② 防烟分区内任一点与最近的自然排烟窗（口）之间的水平距离不大于 30m。

③ 自然排烟窗（口）应设置手动开启装置，设置在高位不便于直接开启的自然排烟窗（口），应设置距地面高度 1.3～1.5m 的手动开启装置。

（2）机械排烟设施

① 地下右侧游泳区、健身区、更衣室等不满足自然排烟条件的房间采用机械排烟，

排烟量按照不小于 60m³/(h·m²) 计算,且不小于 15000m³/h。设计风量为计算风量的 1.2 倍。通过可开启外窗进行自然补风,补风口位于清晰高度以下。

② 地下左侧签约区不满足自然排烟条件的房间采用机械排烟,排烟量按照不小于 60m³/(h·m²) 计算,且不小于 15000m³/h。设计风量为计算风量的 1.2 倍。设置机械补风,补风口位于清晰高度以下。

③ 挡烟垂壁采用无机耐火纤维制作,其耐火极限不应低于 0.5h。

④ 排烟风机应满足 280℃时连续工作 30min 的要求,排烟风机应与风机入口处的排烟防火阀连锁,当该阀关闭时,排烟风机应能停止运转。

⑤ 机械排烟系统应采用管道排烟,且不应采用土建风道,排烟风管材质为镀锌钢板。

⑥ 安装在吊顶内的排烟风道或非吊顶内排烟风道与其他可燃物距离小于 150mm 时,应采用 50mm 厚离心玻璃棉板保温、隔热。

(3) 补风系统设计

除地上建筑的走道或建筑面积小于 500m² 的房间外,设置排烟系统的场所应设置补风系统,补风系统直接从室外引入空气,地下储藏室和地库设置机械补风系统,补风量不小于排烟量的 50%。补风口与排烟口设置在同一空间内相邻的防烟分区时,补风口位置不限;当补风口与排烟口设置在同一防烟分区时,补风口设在储烟仓下沿以下;补风口与排烟口水平距离不少于 5m,补风系统应与排烟系统联动开启或关闭,补风管道耐火极限不应低于 0.5h,当补风管道跨越防火分区时,管道的耐火极限不应小于 1.5h。

五、控制(节能运行)系统

应甲方要求,植物馆近期按照售楼处运行,远期考虑为住宅大堂,按照售楼处以及大堂分析两种运行方案。用作售楼处时需要保证室内温度舒适,作为住宅大堂时降低运行费用,减少空调开启,不同运行模式如下。

1. 售楼处功能

(1) 夏季及过渡季工况

① 9:30 之前,主要自然通风,当室外风速较低时,开启机械通风降低室内温度。

② 9:30—18:30,室外温度升高,通风无法满足室内温度要求,开启 AHU 制冷,同时开启所有外窗及机械通风降温除湿。

③ 夏季工况 AHU-01、AHU-02、AHU-03 采用二次回风,提高送风温度,防止风口结露,AHU-04、AHU-05 采用一次回风。

④ 根据室内温度、湿度计算出露点温度,控制二次回风阀开度与经过盘管处理的空气混合,达到控制出风温度的目标。

(2) 冬季工况

① 9:30 之前,开启 AHU 及排风机,进行排风除湿,AHU 机组的新风和排风机连锁,以最大新风工况运行。

② 9:30—18:30 关闭风机及外窗,进入保温模式,AHU 以最低新风工况运行,自然渗透排风,当室内温度高于 21℃时,关闭 AHU 进行保温。

③ 夜间关闭风机和外窗,开启 AHU 进行保温,无须开启新风。

④ 在中间植物馆玻璃幕的高处（玻璃屋面内表面）及植物馆的半圆玻璃面上等冬季温度低、易结露的位置，分别设置温度传感器，温度传感器与排风机连锁，当壁面温度低于室内状态点的露点温度时，启动排风机，同时连锁 AHU 新风阀，将新风开到最大，降低室内相对湿度，防止结露。

2. 住宅大堂功能

（1）夏季及过渡季工况

① 主要自然通风，当室外风速较低时，开启机械通风。

② 极端天气，开启 AHU 制冷，并开启外窗、机械通风。

③ 夏季工况 AHU-01、AHU-02、AHU-03 采用二次回风，提高送风温度，防止风口结露，AHU-04、AHU-05 采用一次回风。

④ 根据室内温度、湿度计算出露点温度，控制二次回风阀开度与经过盘管处理的空气混合，达到控制出风温度的目标。

（2）冬季工况

① 9：30 之前，开启 AHU 及排风机，进行排风除湿，AHU 机组的新风和排风机连锁，以最大新风工况运行。

② 9：30—18：30 关闭风机及外窗，进入保温模式，AHU 以最低新风工况运行，自然渗透排风，当室内温度高于 15℃时，关闭 AHU 进行保温。

③ 夜间关闭风机和外窗，开启 AHU 进行保温，无须开启新风。

④ 在中间植物馆玻璃幕的高处（玻璃屋面内表面）及植物馆的半圆玻璃内表面上等冬季温度低、易结露的位置，分别设置温度传感器，温度传感器与排风机连锁，当壁面温度低于室内状态点的露点温度时，启动排风机，同时连锁 AHU 新风阀，将新风开到最大，降低室内相对湿度，防止结露。

空调主机采用低温强热型风冷模块机组，空调冷水系统采用两管制变流量一级泵系统（负荷侧变流量、冷源侧定流量），根据最不利末端的空调供回水压差对水泵进行变频控制。

组合式空调机组、新风（热回收）机组冷水回水管上设置等百分比特性的动态平衡电动调节阀，通过调节流过表冷器的水流量控制回风温度或者送风出风温度。

六、工程主要创新及特点

1. 技术特色

利用全年负荷计算及能耗分析软件，对建筑物及空调系统进行全年负荷计算和能耗分析，精确确定建筑物全年能耗，作为空调系统选型和 CFD 模拟的基础数据。

运用 CFD 技术，建立三维实体建筑模型，进行网格划分（实现室内流体填充的范围）和设定边界条件（室内空调负荷、风口位置、风速、温度），进行 CFD 模拟计算，对室内温度场进行可视化展现。根据模拟结果对室内气流组织、温度场分布、空调出风温度、末端风口风速等进行优化设计。

2. 设计亮点

为解决人与植物所要求的温度、湿度需求不同之间的矛盾，分别设计了地板送风、座椅送风、吊顶送风口，并结合 CFD 室内温度场模拟室内环境，结合室内环境情况确定空调送风口位置（例如地板送风口位置、吊顶送风下送风、侧墙送风口等方式）。

植物园空调通风系统考虑了不同季节的运行模式，包括自然通风、机械通风以及冬夏季采取不同的空调送风温度和自控策略，并且亦对自然通风、机械通风进行了 CFD 模拟分析；在保证室内舒适度的同时，尽可能实现节能运行。

根据全年负荷及能耗计算结果，并针对建筑本身前期作为展示中心和后期作为社区休闲空间，分析和制定全年空调系统运行策略，根据不同的运行策略，空调运行费用由前期的 22.5 万元/a 减至后期运行的 9.9 万元/a。

利用青岛春秋（包括初夏）温度适宜、时间较长的特点，最大限度增加地上植物馆开窗面积，利用自然通风，既有利于植物的生长，又达到节能减排的目的。

空调主机采用低温强热型风冷模块机组，空调冷水系统采用两管制变流量一级泵系统（负荷侧变流量、冷源侧定流量），根据最不利末端的空调供回水压差对水泵进行变频控制。

组合式空调机组、新风（热回收）机组冷水回水管上设置等百分比特性的动态平衡电动调节阀，通过调节流过表冷器的水流量控制回风温度或者送风出风温度。

地下泳池采用泳池恒温除湿热泵机组，制冷剂在冷却空气除湿的过程中回收热能，热泵系统将回收的热能一部分用于重新加热被冷却的空气，送风机将干爽的暖空气通过送风口送回泳池大厅；另一部分热能用于加热游泳池水。保持室内泳池恒温恒湿的动态平衡。

大连华南万象汇暖通设计

- 建设地点：　大连市
- 设计时间：　2020 年 12 月—2021 年 5 月
- 设计单位：　大连城建设计研究院集团
　　　　　　　有限公司
- 主要设计人：王立成　刘欣彤　李志勇
　　　　　　　梁芳庆　孙家东　李文成
- 本文执笔人：王立成

作者简介：

　　王立成，大学本科，教授级高工。在大连城建设计研究院有限公司任副总工，暖通空调所所长。代表作品：新星东港，红星美凯龙，百思德绿天地等。2017 年获首批"全国优秀青年设计师"称号。发表暖通相关论文 10 余篇，参编《辽宁省既有建筑绿色改造评价标准》。

一、工程概况

　　大连华南万象汇项目（见图 1）总占地面积 30800m²，总建筑面积 164364m²，其中商业建筑面积 105059m²。本工程设计空调面积约为 87302m²。

图 1　大连华南万象汇主入口效果图

　　项目总投资造价约 15 亿元，其中暖通空调造价约 0.4 亿元，单方造价约 400 元/m²（含自控及空调相关的装修风口）。设计中对建筑进行逐项、逐时的空调冷热负荷计算和供暖热负荷计算，根据集团设计标准确定空调系统各项设计指标，见表 1。

空调冷负荷面积指标						表 1
	供暖/空调面积（m²）	总冷负荷（kW）	冷负荷指标（W/m²）	总热负荷（kW）	热负荷指标（W/m²）	备注
商业（含超市）	83000	9850	118.67	5929	71.4	负荷指标对应实际空调面积
电影院	4300	718	167	451	105	
商业供暖系统	16010	—	—	780	48.7	后勤走道设备用房
地板供暖系统	1086	—	—	135	124.3	设计温度为 16℃

二、暖通空调系统设计要求

设计参数确定：根据商场建筑平面布置及商业运营管理公司的统计数据确定商场的各区域主要暖通设计参数，见表 2。

空调区域人员密度、新风指标			表 2
	人均使用面积（m²/人）	新风量指标[m³/（人·h）]	照明及设备冷负荷指标（W/m²）
主出入口楼层及连接地铁楼层的购物通廊	2	16	25
其他楼层的购物通廊	4	19	25
首层及地下 1 层商铺	5	19	70
其他层楼层的商铺	5	19	60
餐饮商铺	2	25	40
超市	5	19	60
公共卫生间	3	无	40
客梯厅	3	19	40

餐饮商铺的人员数量按照餐饮区面积计算。厨房区域设计集中厨房排油烟系统和局部补风系统以及厨房排风系统（兼顾燃气餐饮厨房的事故排风），风量见表 3。

餐饮商铺排油烟			表 3
	设计换气次数或者排风量	设计补风量	备注
租户厨房（餐饮租户面积小于等于 200m²）	80h⁻¹ 且不小于 8000m³/h	90%排风量	预留按照餐饮租户面积的 1/3 确定厨房面积，厨房高度按照 3m 计算
租户厨房（餐饮租户面积大于 200m²）	60h⁻¹	90%排风量	

本建筑内形成环形购物通道，地下 1～5 层商场中庭各层之间楼板竖向透空形成开阔空间，一层最多处有 9 个上下贯通的楼板形成一个超级大中庭（面积约 2.2 万 m²）。图 2～4 为中庭区域剖面及 2,3 层平面示意图。

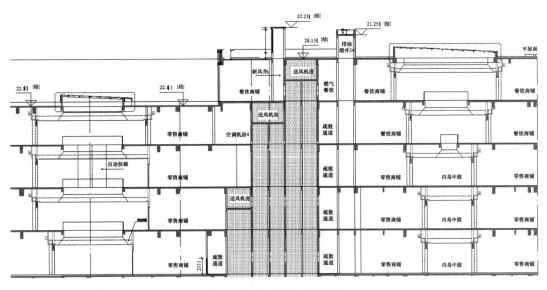

图 2　中庭区域典型剖面图

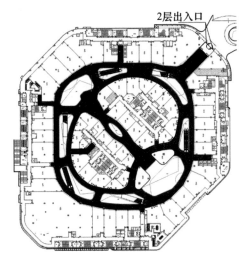

图 3　2 层平面及透空图

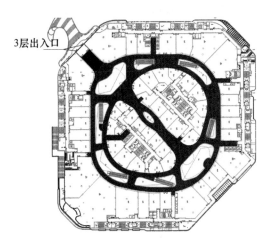

图 4　3 层平面及透空图

　　商场排油烟、排风、空调送回风均采用竖向系统。空调水系统采用两管异程系统。每个商铺风管（包含新风管、餐饮排油烟管、厨房排风管、厨房补风管）空调水管都需要从公共区进入商铺并在公共区设置关断阀门。

三、空调冷热源方案比较

　　在商业建筑的能耗中，空调的能耗约占 50%，而空调的冷热源设备又是空调系统的主要能耗设备，所以设计中空调冷热源的选择是节能减排降低运行费用的关键因素，空调冷热源关系到工程建设费、运行费以及能源消耗。目前我国面临能源短缺，空调冷热源的选择是空调系统是否节能的重要一环。在确定和选择空调冷热源的设备形式时主要考虑以下几点：① 建筑的周边市政环境及建筑物所在地的气象条件。② 建筑的使用功能、建设规模、负荷情况及室内设计参数要求。③ 建筑所在地的能源结构及价格。

建设项目位于成熟的城市生活居住区，周边 5km 范围内无工厂、无工业废热、无大型城市污水管网可利用，无适宜利用的可再生资源。建设地点电力充足，大连地区电价相对较低，峰谷电价差别较小。利用冰蓄冷技术无明显优势，经过详细计算，如采用冰蓄冷技术项目回收期大于 6 年，故不考虑采用冰蓄冷技术。根据开发使用单位的运行管理要求，排除采用海水源热泵和采用污水源热泵以及地源热泵的可能性，项目可采用如下 3 种方案。方案 1：电制冷＋市政热源；方案 2：电制冷＋燃气锅炉；方案 3：燃气型（天然气）溴化锂直燃机组夏季制冷、冬季制热。以下针对项目的初投资和运行费用进行概算作为空调冷热源选型的依据。

运行费用计算的相关条件如下：大连地区的供暖期为每年 11 月 5 日至次年 4 月 1 日，共计 152d。冬季热源每天运行 15h，供暖循环泵每天运行 20h，水泵的变频系数按 0.7 计算。本商场外围护结构占比较少，且商场有内热源，结合已经建成的商场经验，每个供暖季的供暖时间仅为 130d。大连地区的商场供冷期为每年 5 月 15 日至 10 月 15 日，共计 150d，夏季冷源每天运行 13h，冷水泵和冷却水泵每天工作 13h。天然气价格为 4 元/m³。峰谷平均电价 0.8 元/kW·h。供暖季负荷系数为 0.63。

1. 方案 1 运行费用

采用市政热源，商场的供暖仅按照热量收费，大连地区市场热价为 85 元/GJ。供暖空调全年耗热量为 51708GJ。

供暖季耗电量：130d×20h×（55＋11＋1.5＋0.75）×0.63＝111794（kW·h）。

供暖季全年运行费用：51708×85＋111794×0.8≈449（万元）。

夏季 4 台离心冷水机组同时运行制冷，可根据室外气温及室内负荷开启不同的台数，其中 100％负荷 15d、75％负荷 35d、50％负荷日 45d、25％负荷日 55d。

计算满负荷制冷运行电量：13h×（415.9×3＋422＋75×4＋55×4＋22×4＋0.5＋1＋1）＝13×2280.2＝29642.6（kW·h）。

负荷系数为：（15d×100％＋35d×75％＋45d×50％＋55d×25％）＝77.5（d）。

空调季主机制冷全年运行费用：29642.6×77.5×0.8＝183.8（万元）。

2. 方案 2 运行费用

供暖季燃气消耗量：51708×1000÷35.7≈144.8（万 m³）。

燃气费用：144.8×4＝579.2（万元）。

供暖季耗电量：130d×20h×（55＋11＋1.5＋0.75）×0.63＝111794（kW·h）。

供暖季全年运行费用：579.2 万元＋111794×0.8≈588（万元）。空调季运行费用同方案 1。

3. 方案 3 运行费用

供暖季燃气消耗量：51708×1000÷35.7≈144.8（万 m³）。

燃气费用：144.8×4＝579.2（万元）。

供暖季耗电量：130d×20h×（55＋11＋1.5＋0.75）×0.63＝111794（kW·h）。

供暖季全年运行费用：579.2 万＋111794×0.8≈588（万元）。

夏季 4 台直燃型溴化锂吸收式机组同时运行制冷，可根据室外气温及室内负荷开启不同的台数，其中100%负荷15d、75%负荷35d、50%负荷日45d、25%负荷日55d。

满负荷燃气用量：148×4×13＝7751(m^3)。

计算满负荷制冷运行电量：

13h×(13×4＋75×4＋75×4＋30×4＋0.5＋1＋1)＝13×774.5＝10068.5(kW·h)。

负荷系数为：(15d×100%＋35d×75%＋45d×50%＋55d×25%)＝77.5d。

主机制冷全年费用：10068.5×77.5×0.8＋7751×77.5×4＝302(万元)。

3种方案经济对比见表4，方案1初投资最高，方案3初投资最低，方案1运行费用最低，方案3运行费用最高，方案2初投资和运行费用均处于中游。人连市有红沿河核电厂不存在电力紧张的情况，方案2需要建设燃气锅炉房，运行时需要有专业人员操作燃气锅炉，且在本项目中由于建设用地内可利用空间少，燃气锅炉房的布置需要泄爆口且不应设置在人员密集场所和重要部门的上一层、下一层、贴邻位置以及主要通道、疏散口的两旁，并应设置在首层或地下室1层靠建筑物外墙部位。本项目为商业项目，燃气锅炉房布置困难，首先不采用。对比方案1和方案3，方案1虽然初投资比方案3高467万元，但是方案1每年的运行费用比方案3低了200万元，计算贷款利息采用方案1最合理且3年可以节省初投资。且方案1技术成熟稳定，对环境不存在污染不用考虑泄爆和专业锅炉操作管理人员。

3种空调冷热源方案经济对比　　　　　　　　　　表4

	方案1	方案2	方案3
建设投资（万元）	1892.6	2320.6	2770.6
供暖并网费（万元）	790	—	—
制冷增加的配电投资（万元）	555	555	—
初投资合计	3237.6	2875.6	2770.6
供暖运行费用（万元）	449	588	588
空调季运行费用（万元）	183.8	183.8	302
合计	692.8	771.8	890

本项目在地下3层设置一个集中制冷机房，为商业及超市提供制冷需要，根据华润商业设计指引的要求，设计需保证任1台制冷机停机维修时，其他制冷机组仍可负担75%高峰负荷，出于运行管理方便及节省初投资，本项目商场（含超市）集中空调冷源选用4台700rt的离心冷水机组（其中1台机组变频运行），项目设计采用一级能效机组、空调水系统采用一级泵变流量系统。集中制冷机房主要设备见表5，空调机组运行策略如下。

策略1：$Q \leqslant 25\%$，运行1台700rt变频机组。

策略2：$25\% < Q \leqslant 50\%$，运行1台700rt变频机组＋1台700rt定频机组。

策略3：$50\% < Q \leqslant 75\%$，运行1台700rt变频机组＋2台700rt定频机组。

策略4：$75\% < Q \leqslant 100\%$，运行1台700rt变频机组＋3台700rt定频机组。

集中制冷机房主要设备　　　　　　　　　　　表 5

服务区域	主要设备名称	配置台数及规格	功率(kW)	国标工况		能耗等级	每分钟流量变化率（%）	负荷调节范围（%）
				COP	IPLV			
商业（不含影院）	离心式冷水机组	3 台2462kW（定频）	415.9	6.39	8.48	1	30	20～100
	离心式冷水机组	1 台2462kW（变频）	422	6.49	8.55	1	30	20～100
	冷水泵	4 台 476m³/h	75	—	—	—	—	—
	冷却水泵	4 台 524m³/h	55	—	—	—	—	—
	冷却塔	4 台 499m³/h	2×11	—	—	—	—	—

空调系统的综合制冷性能系数 SCOP 计算如下公式：

$$SCOP = \frac{\sum Q}{\sum W} \tag{1}$$

式中　$\sum Q$ 为名义工况下总制冷量，kW；$\sum W$ 为冷源系统的总耗电功率，kW。

通过计算可知 SCOP 值为 4.98，超出规范限值（4.5）8%。

空调末端方案根据建设单位集团标准要求确定，商场购物通廊、超市、影院采用一次回风全空气空调系统，可租售的商铺采用风机盘管＋新风的空调系统。根据现有的新风竖井新风管及外百叶条件，综合考虑建设初投资及运行节能两个方面，一次回风全空气空调系统设计考虑过渡季满足 50% 风量全新风运行。

四、通风防排烟系统

地下车库设置机械通风系统，排风机采用双速风机，车库通风系统根据 CO 浓度监测系统自动开启。地下车库的卸货区独立设置排风系统。制冷机房设平时通风和事故通风相结合的系统。在低处设置事故排风口，排风机宜采用双速风机。制冷机房设置制冷剂泄漏报警器。燃气厨房内均预留事故排风管路，当厨房内燃气浓度超出额定标准时，事故排风机将开启，同时切断紧急供气阀门。厨房事故排风机为防爆型风机。

本项目所有的厨房排油烟风机和有异味的卫生间、隔油间、中水泵房、污水提升泵间等的排风风机均设置在屋顶，5，6，7 层的屋面合计布置了 118 台排风风机和分体空调多联机空调室外机及冷却塔等空调设备。屋顶的 1/4 面积（建筑物的西南角）设计为商场的上人屋面，是规划的商业屋顶花园，不能布置风机及设备。屋面的各种暖通设备及风管星罗棋布且相互重叠交叉。设计中利用 BIM 建模，合理排布风机。通过引风管的做法保证有异味的排风和消防排烟与新风的进风口距离大于 20m。让新风取风百叶设置在城市主导风向的上风侧，让有异味的排风、消防排烟、餐饮商铺的排油烟处于主导风向的下风侧，完美地解决了此问题。

楼梯间、前室、避难走道及商场的防排烟按照规范设计，对于超大中庭，通过合理布置挡烟垂壁把几个透空区域合并成一个中庭的做法减少了排烟风机的数量。中庭排烟结合风量平衡计算合并设置，即正常工况下，用作排风，排除中庭顶部温度相对较高的空气，火灾时兼顾中庭排烟，通过以上方式降低了风机数量减少了重复投资。结合建筑平面将邻近的中庭合并，按照一个中庭设计消防排烟系统，每个中庭选择 3 台双速风机在屋顶接入中庭。风机高速风量为 43240m³/h 满足消防排烟，低速风量为 28827m³/h 用于过渡季节排风使用。

五、工程主要创新及特点

针对商业建筑暖通空调系统能耗大、新排风量失衡、运行能源浪费严重、设备管线空间浪费的普遍情况，本设计重点从能源利用、精细化设计、详尽运行策略及控制逻辑方案、采用全年能耗模拟、BIM 建模管综等先进技术手段，力求打造舒适、节能、低碳、绿色的大型商业综合体暖通空调设计。前期经对能源及市政基础配套设施条件、价格进行详细调研，通过冷热负荷模拟计算及冷热源选型分析确定冷热源的方案。优化空调系统配置、设备选型，模拟计算的制冷站全年综合效率 EER，制定系统运行策略及控制逻辑，确定能效、能耗目标值。

商场公共购物通廊及中庭空调风管较大，通过利用 BIM 管综建模有效地提高装修吊顶高度，每层优化增加建筑有效使用层高 0.2～0.3m，有效降低建筑高度 1.5m，提高商业有效使用面积和空间，节省造价，减少项目初投资，降低项目建设和运行的碳排放量。应用 BIM 技术对各专业设计进行碰撞检查，不仅消除管线交叉问题，还能完善工程的设计，减少了在施工阶段因为错误导致的拆改浪费及工期延误问题。

设计中采用建筑性能分析平台进行全年 8760h 冷热负荷模拟，就冷热源系统选择进行经济分析。通过详细负荷计算得出商业部分全年累计非供暖能耗为 1070 万 kW·h。单位制冷空调面积全年累计冷量指标（全年逐时累计冷量/制冷空调面积）为 122.6kW·h/m²。比 GB/T 51161—2016《民用建筑能耗标准》大型购物中心的约束值低 52.4kW·h/m²。项目全年比标准参照建筑全年节电 457 万 kW·h。

广东（潭洲）国际会展中心首期工程

- 建设地点： 广东省佛山市
- 设计时间： 2015 年 12 月—2016 年 9 月
- 竣工日期： 2016 年 9 月展馆部分；2017 年 9 月会议中心和登录厅
- 设计单位： 广东省建筑设计研究院有限公司
- 主要设计人：何 花 何宝宏 张 翔 向 宇 郑 瑞
- 本文执笔人：何宝宏

作者简介：

何花，教授级高级工程师，注册公用设备工程师（暖通空调），现就职于广东省建筑设计研究院有限公司。设计代表项目：广州白云国际机场扩建工程二号航站楼及配套设施、广州白云国际机场三期扩建工程航站区设计、揭阳潮汕机场航站楼及配套工程、深圳机场旅客卫星厅、珠海机场改扩建项目—T2 航站楼、肇庆新区体育中心项目、广东（潭洲）国际会展中心首期工程。

一、工程概况

广东（潭洲）国际会展中心位于广东省佛山市顺德区，项目首期工程总建筑面积约 11.6 万 m^2，是一个集展览、会议、餐饮等多功能于一体的会展综合体，是国内唯一一个能做到每 m^2 承重 10t 的专业展览馆。本项目从设计、建设到运营，均引入德国汉诺威展览公司参与其中。

首期建筑包括：5 个无柱展厅，每个展馆面积约 1 万 m^2，地上 3 层，建筑高度约 17.7m；会议中心及登录厅，总面积约 2 万 m^2，地上 2 层，其中会议中心的建筑高度为 18.88m，登录厅的建筑高度为 23.29m。本项目单方造价为11441 元/m^2，空调通风工程投资概算为 5963.73 万元。

本工程从 2015 年 12 月开始设计，其中首期工程展馆部分于 2016 年 9 月竣工，会议中心和登录厅于 2017 年 9 月竣工，整个设计及施工周期不到 9 个月。展馆建成后成功举办了先进装备制造业、互联网＋、汽车、家电、家具等为主题的大型展览会。项目外景图见图 1。

图 1 项目外景图

二、暖通空调系统设计要求

1. 设计参数

（1）室外气象参数（见表1）

室外气象参数 表1

	干球温度（℃）		湿球温度（℃）	大气压力（kPa）	相对湿度（%）
	空调	通风			
夏季	34.6	32.1	27.8	100.37	—
冬季	5.2	13.6	—	101.90	72%

（2）室内设计参数（见表2，3）

室内设计参数（展馆、能源中心） 表2

	干球温度（℃）		相对湿度（%）		人员密度（m²/人）	新风量 [m³/（人·h）]	允许A声级噪声（dB）
	夏季	冬季	夏季	冬季			
展厅	26	—	≤65	—	1.42	20	≤45
连接厅	26	—	≤65	—	4.0	15	≤50
办公室	26	—	≤60	—	5.0	30	≤45
餐厅	26	—	≤65	—	2.0	25	≤45
商业	26	—	≤65	—	2.5	20	≤50

室内设计参数（登录厅、会议中心） 表3

	干球温度（℃）		相对湿度（%）		人员密度（m²/人）	新风量 [m³/（人·h）]	允许A声级噪声（dB）
	夏季	冬季	夏季	冬季			
开幕式大厅	26	—	≤65	—	1.3	15	≤50
多功能厅	26	18	≤65	—	1.16	25	≤50
门厅、休息走廊	26	18	≤65	—	3.0	20	≤50
办公室	26	18	≤60	—	5.0	30	≤45
会议室	26	18	≤60	—	1.8	30	≤45
贵宾室	26	18	≤60	—	4.0	30	≤45
餐饮、简餐	26	16	≤65	—	1.3	25	≤50
多功能会议室1	26	18	≤60	—	2.4	30	≤50

2. 功能要求

（1）1～5号展馆大空间及小房间、登录厅的开幕式大厅设置夏季集中空调系统。

（2）会议中心的多功能厅设置全年集中空调系统，小房间设置全年风冷智能多联集中空调系统；设备机房设置夏季风冷智能多联集中空调系统或风冷一拖一分体空调。

（3）能源中心的安保队伍用房及设备机房设置风冷一拖一分体空调。

（4）设备用房、卫生间、通行管沟等平时通风系统。

（5）防排烟系统。

3. 设计原则

（1）坚持"以人为本"的理念，保证室内人员舒适与健康的需求。

（2）根据本项目空调负荷特征及不同功能区域的使用特点，并结合德国汉诺威展览顾问的使用需求，对各功能区域设置合理的空调冷源及末端。

（3）采用成熟、先进的节能技术，配合楼宇自控系统，在满足空调区域热舒适度的同时，最大限度减少运行能耗。

（4）利用 CFD 模拟技术对复杂空调区域进行热舒适度分析，优化设计方案。

三、暖通空调、动力系统方案比较及确定

1. 冷源系统设置

根据各区域的建筑功能及业主、德国汉诺威展览顾问的使用需求，各区域冷源系统的设置如下。

（1）1～5 号展馆及辅助用房和主登录厅的开幕式大厅等区域，设置夏季水冷集中空调系统。能源中心设置在本工程的北部，为上述空调区域提供 7℃/15℃大温差冷水（简称系统 1）。

（2）登录厅（除开幕式厅外）及会议中心区域冬季需设置供暖。该区域中大部分地方为小房间且对外租赁，故从能耗、灵活性、维护、计费等方面考虑，为上述区域设置风冷智能多联集中空调系统。

（3）会议中心区域中的多功能厅、公共走廊均为高大空间，净高约 9.5m，从空调效果、维护、能耗等方面考虑，在其屋面设置模块式风冷涡旋机组提供冷热水（简称系统 2）。具体冷源系统及设备装机见表 4～6。

系统冷负荷 表 4

	服务区域	空调面积（m²）	空调冷/热负荷（kW）	冷、热指标（W/m²）
系统 1	1～5 号展馆、主登录厅大空间	58807	冷：20880	冷：355
系统 2	多功能厅、休息走廊	2035	冷：764 热：338	冷：375 热：166

冷源装机 表 5

	主机类型			冷水泵数量（台）	水泵参数	
	形式	数量（台）	单机容量（kW）		流量（m³/h）	扬程（kPa）
系统 1	高压水冷离心式冷水机组	3	5626（1600rt）	4（3用1备）	630	480
	水冷离心式冷水机组	2	2110（600rt）	3（2用1备）	236	460
系统 2	模块式风冷涡旋式热泵机组	6	130（37rt）	3（2用1备）	70	250

系统 1 冷却塔装机 表 6

冷却塔装机（m³/h）	冷却塔数量（台）	冷却水泵数量（台）	水泵参数		冷却塔位置	闭式定压罐位置	系统最大工作压力（kPa）	
			流量（m³/h）	扬程（kPa）			冷水	冷却水
500	9	4（3用1备）	1210	300	能源中心屋面	能源中心制冷机	850	580
600	2	3（2用1备）	454	300				

（4）设备机房、消防控制中心等设置夏季风冷智能多联集中空调系统或风冷一拖一分体空调。

2. 压缩空气动力系统

为满足展厅机械展览以及会议中心区域机器人展览的用气需求，结合项目实际情况，本工程在能源中心首层和会议中心 3 层的空压机房内设置空气压缩站。

（1）能源中心处的空气压缩站负责展馆区域，机房内设置 3 台排气压力为 1.0MPa、排气量为 16m³/min 的风冷螺杆式空压机（两用一备），同时设置 3 台处理能力为 20m³/min 的冷冻式干燥机（两用一备）。干燥机前设置处理能力为 20m³/（min·台）的前置过滤器。应业主要求设置缓冲储罐，单台容积为 6m³，后置过滤器设在工艺设备前。

展厅区域压缩空气管道系统采用环状形式，总管道由能源中心地下室经管沟和室内管沟送到各展厅用气点。室内管沟中管道上的用气接入点间隔为 6m。

（2）会议中心处的空气压缩站负责会议中心区域的展位，机房内设置 2 台排气压力为 1.0MPa，排气量为 6m³/min 的风冷螺杆式空压机（一用一备），同时设置 2 台处理能力为 9m³/min 的冷冻式干燥机（一用一备）。干燥机前设置处理能力为 9m³/（min·台）的前置过滤器。应业主要求设置缓冲储罐，单台容积为 1.5m³；后置过滤器设在工艺设备前。

会议中心区域压缩空气管道系统采用树状形式，压缩空气总管道由空压机房向下设置立管接至会议中心首层及 2 层用气点。

3. 空调水系统

（1）系统 1 的冷水泵采用变频控制，冷水供回水温度为 7℃/15℃，冷却水供回水温度为 37℃/32℃；系统 2 中的冷水供回水温度为 7℃/12℃，热水供回水温度为 45℃/40℃。

（2）系统 1 的冷水泵、冷却水泵、冷却塔的容量与冷水机组容量相匹配，系统 2 的冷（热）水泵的容量与热泵机组容量相匹配。

（3）系统 1 为一级泵变流量双管系统，系统 2 为末端变流量的一级泵双管系统；系统 1、2 的冷水立管及水平管道均采用异程式布置，每个空调器设静态平衡阀和动态压差平衡阀，风机盘管采用片区大支路加设静态平衡阀和动态压差平衡阀，以保证系统水力平衡。

4. 空调末端

（1）1～5 号展馆大空间、3～5 号展馆间的连接厅、开幕式大厅及多功能厅设置一次回风全空气系统（其中送风量大于 25000m³/h 的空调器采用变频控制）。在供冷期根据室内外的焓值确定新风量，当室外空气焓值低于室内空气焓值时采用可调新风比（大于 50%）运行，空气处理机组最大限度地利用室外新风，减少空调能耗。

（2）空调器吸入口处均设置静电杀菌除尘空气净化装置，以保证新风品质。

（3）1～5 号展馆附属办公采用风机盘管加新风系统；商业及餐饮采用风机盘管加排

风系统，负压进新风。

（4）登录厅及会议中心附属用房采用多联机室内机加新（排）风系统。

（5）根据甲方要求，消控中心、变配电房、控制室及通讯机房等设备机房设置风冷一拖一分体空调（单冷型）或多联机室内机加排风系统。

四、通风防排烟系统

1. 通风系统

（1）各层公共卫生间：换气次数为 $15h^{-1}$，排风经排风机由本层或竖向管井排出室外。

（2）设备房设置机械排风系统，换气次数见表 7。

通风系统设计参数 表 7

	换气次数（h^{-1}）	备注
通行管沟	6	①
变压器房、高低压房	根据散热量计算	①
发电机房（未发电时）	6	①
配电间、弱电间	6	—
制冷机房、水泵房	6	①

备注：① 设备房区域同时设送风系统，送风量按排风量的 90% 设计，设备房区排风机消防时兼作排烟风。

（3）事故通风：制冷机房及厨房设有事故通风系统，换气次数取 $12h^{-1}$。事故通风的手动控制装置应在室内外便于操作的地点分别设置。制冷机房设置事故排风系统，机房内设置检测报警，控制系统后期由厂家及群控专业配合完成。

2. 防排烟系统

（1）防烟系统

本工程所有靠外墙的疏散楼梯间均采用自然排烟的方式，每 5 层内可开启排烟窗的总面积不小于 $2m^2$；仅有会议中心的一部疏散楼梯不满足自然排烟条件，该楼梯设置加压送风系统，加压送风量满足规范要求。

（2）排烟系统

① 1～5 号展馆大空间。1～5 号展馆大空间设置机械排烟系统，排烟量按整个大空间地面面积 $60m^3/(h \cdot m^2)$ 和 $4h^{-1}$ 换气次数取大值计算，排烟风机设置于展馆 3 层及 4 层屋面，消防补风通过外门自然补进。

② 内走道及内区附属用房。超 20m 内走道及相邻无窗房间设置机械排烟系统，排烟风机风量按最大防烟分区 $60m^3/(h \cdot m^2)$ 或全排计算，排烟风机置于本层机房。其中做全排时，若防烟分区面积大于 $500m^2$，则需划分防烟分区，不同防烟分区之间用挡烟垂壁分隔。

③ 靠近外区门厅、附属用房及商业。外区门厅、外区附属用房、商业全部采用自然排烟方式，可开窗面积为房间地面面积的 2%，自然排烟口距房间内最远点水平距离不超过 30m。

3. 事后排风系统

设备区电房等房间设置了气体灭火，事后排风机按不小于 $5h^{-1}$ 换气次数计算。火灾时关闭对应全自动防火阀进行气体灭火，火灾被扑灭后重新开启阀门进行事后排风。

五、控制（节能运行）系统

1. 制冷系统

本工程系统 1 的冷水机组、冷水泵、冷却水泵、冷却塔、电动水阀一一对应连锁运行，根据系统冷负荷变化，自动或手动控制冷水机组的投入运转台数（包括相应的冷水泵、冷却水泵，冷却塔）；开机程序：冷却水泵→冷却塔风机→冷水泵→冷却塔、冷水机组进水电动水阀→冷水机组，停机程序则相反。

本工程系统 2 的冷水机组、冷水泵、电动水阀一一对应连锁运行，根据系统冷负荷变化，自动或手动控制冷水机组的投入运转台数（包括相应的冷水泵）；开机程序：冷水泵→冷水电动阀→风冷冷水机组，停机程序则相反。

为利于管网运行正常，系统 1 和系统 2 的冷水供回水总管间设置压差旁通装置，其电动两通阀按比例调节运行。系统根据自动监测的流量、温度等参数计算出冷量，自动发出信号，控制制冷主机及其对应水泵、冷却塔的运行台数。传感器设在负荷侧供、回水总干管上。

2. 一次回风变频空调器（送风量 $>25000m^3/h$ 采用变频）的控制

空调器风量根据回风温度 t_r 的变化与设定的回风温度（26℃）进行比较分析确定。空调器的冷水量控制是根据回风焓值 h_r 与设定值进行比较分析确定。

（1）当 $t_r \leqslant 26℃$ 时，利用风机变频器调小风量，当风量调至设计风量 70% 仍未能达到室内温度时，关小比例式电动两通阀，减少空调器的冷水量；当 $t_r > 26℃$ 时，开大比例式电动两通阀增加空调器的冷水量，当仍未能达到室内温度时，再利用风机变频器调大风量。

（2）正常运行状态中的工况切换控制是根据 h_w（室外焓值）、h_r（回风焓值）进行比较分析确定。当 $h_w > h_r$ 时，进入小新风空调运行工况，新风量由设于室内的二氧化碳探测器监测，根据 CO_2 浓度（观众座位区 $\leqslant 1000 \times 10^{-6}$），控制新回风电动风阀开启角度。当 $h_w \leqslant h_r$ 时，进入全新风（$\geqslant 50\%$）空调运行工况。

（3）空气的焓值是由空气温湿度决定的，为了防止工况在一天内频繁转换，只要求对焓值每 0.5～1h 测量一次，将测量值分析比较后再决定是否改变运行工况。

3. 一次回风空调器（或新风空调器）的控制

由设置在回风口（或送风管）处的温度传感器，控制水路电动两通阀（比例、积分式）动作，调节水量，达到送风温度的控制。

4. 风机盘管的控制

一般风机盘管应配有风机三速手动开关和挂墙式温度控制器及水路电动两通阀（双位式）。

5. 多联机空调系统的控制

多联机室内末端的控制：室内机采用有线控制；设备房区域机组就地控制；机组自身带有完善的控制系统，可纳入大楼的 BAS 系统管理。

6. 其他

各空调器、新风空调器、风机等除设就地开关外，还在总控制室内设置开关及运行工作显示（消防用排烟、送风机等需受消防中心控制）。

空气处理机、风机盘管、风机等采用直接数字控制（DDC）系统进行自控；集中空调、通风系统可纳入楼宇的 BAS 系统管理。

六、工程主要创新及特点

1. 高效、节能的空调系统

（1）选用高效的冷水机组，高压（10kV）离心式冷水机组 $COP \geqslant 5.9$，$IPLV \geqslant 6.2$；低压（380V）离心式冷水机组 $COP \geqslant 5.8$，$IPLV \geqslant 5.85$；制冷系统的 $SCOP > 4.58$；风冷涡旋式热泵机组 $COP > 2.9$，$IPLV \geqslant 3.45$；风冷智能多联空调机组 $IPLV \geqslant 4.0$；风冷分体空调机 $EER \geqslant 3.4$，确保在大部分运行时间内，各主机都能以较高的效率运行。

（2）展馆中的高大空间采用分层空调技术，使空调系统服务于工作区域，在建筑屋面层设置排风机，及时排出上部热空气，降低室内冷负荷。在设计中利用 CFD 模拟技术进行气流组织设计，使大空间既满足热舒适性要求，又达到节能效果。

（3）空调冷水泵采用变频调速控制，冷水系统采用 8℃大温差供水，可减小输水管径、减少输送能耗。

（4）送风量大于 25000m³/h 的空气处理机的风机采用变频控制，系统采用焓差控制，过渡季利用全新风进行自然冷却，减少制冷主机的开启时间，最大限度实现运行节能，以降低空调系统的运行费用。

（5）空调器及新风空调器设置静电净化装置，保证健康舒适的室内环境。

2. 冷水系统的水力平衡

1～5 号展厅的冷水是由能源中心处的制冷机房通过地下综合管沟输送到各个展馆（见图 2），其中最近的 3 号展馆北面冷水用水点与最远的 5 号展馆南面的冷水用水点单程管路相差约 260m（见图 2），为保证项目冷水系统的水力平衡，根据水力计算软件适当调整最近点和最远点冷水系统的管径和路由，为每个空调器设静态平衡阀和动态压差平衡阀，风机盘管采用片区大支路加设静态平衡阀和动态压差平衡阀，目前已举办的多项大型展会的运行证明，水系统达到设计指标。

3. 10kV 启动的电制冷主机

本工程能源中心共有 5 台制冷主机，其中 3 台制冷量为 5627kW 的离心式冷水主机是采用了 10kV 高压供电的方式，因为采用 10kV 驱动，减少了大量的中间变配电设备，一方面大大减少了在转化过程中的不必要电力损耗，在增加系统的可靠性的同时，也减少了日常维护工作量；另一方面减少设备及机房的占地面积，增大了建筑的有效使用面积，从另一途径为用户带来可观的经济效益。

4. 噪声的控制

本项目采用了低噪声逆流式方形冷却塔，冷却塔采用进口品牌的 6 叶风机，该风机的转速低（220r/min）、风量大、使用寿命长。此外，能源中心屋面处的冷却塔组还配备了132 个四弹簧减振器，最大限度降低振动，避免低频噪声传递。

5. BIM 技术的应用

在建筑高标准美观要求及复杂结构的条件下，找寻各管线的路由也是设计难题。采用 BIM 技术可以很好地解决各类管线的碰撞问题。

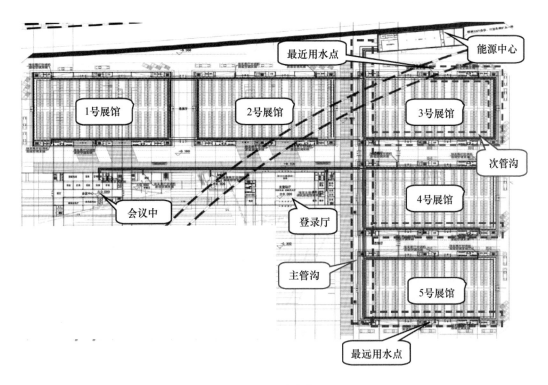

图 2　地下综合管沟

七、运行数据分析

广东（潭洲）国际会展中心 2019 年 4 至 10 月期间举行了以互联网＋、婚庆暨家装博览、机床展、建材等为主题的展会。通过对比不同月份展馆每天的能耗可发现：

（1）从运行数据分析表中可得，2019 年开展期间本项目制冷机房系统运行能效比（EER）的平均值为 4.54，属于二级能效的中上水平。展会期间，4～8 月 EER 逐步上升，8 月达到了最大值，再从 8～10 月开始逐步下降，一方面因为 4、11 月的室外温度较 7～8 月低，这几个月的室内冷负荷尚未达到峰值，冷源系统处于部分负荷运行。而到了 7～8 月，室外温湿度接近设计日参数，同时佛山是中国重要的制造业基地，其有色金属、五金、陶瓷、家具、钢铁、电气等产业是本市的重要经济支柱，所以建材、先进装备制造和机床类的展会参展人数更多，这时冷源系统更接近设计工况运行。

（2）经咨询会展运营单位，2019 年 7～8 月间，展会的顶峰客流量和室内冷负荷与设计值较为接近，根据实测数据计算的"$EC(H)R\text{-}a$"（数值为 0.02020 和 0.02030）和设计值差别（数值为 0.02021）不大，整体数值均优于节能限值"$A(B+\alpha\sum L)/\Delta T$"（数值为 0.0339）。

（3）通过分析制冷系统的 COP 和冷水系统的耗电输冷比"$EC(H)R\text{-}a$"，一方面验证了本项目冷源系统设计的高效性及合理性，同时也验证了大小制冷主机的合理搭配、冷水泵的变频控制以及前期设计中采用的水力平衡措施在实际运行中减少了大量的运行能耗及费用，得到了业主及物管的一致好评。

第1届"大师杯"高能效
空调系统工程大赛

西城·西进时代中心三地块项目

- 建设地点： 济南市
- 设计时间： 2014 年 10 月
- 竣工时间： 2018 年 2 月
- 设计单位： 山东省建筑设计研究院
  有限公司
- 主要设计人：李向东　潘学良　于晓明
- 本文执笔人：李向东

作者简介：

李向东，工程技术应用研究员，山东省工程勘察设计大师，就职于山东省建筑设计研究院有限公司。主要设计代表作品：西城·西进时代中心三地块项目、京沪高铁济南西客站、济南市西客站片区场站一体化工程、济南超算中心、联合国西非办公楼、济南华强广场、济南祥泰广场、中国航天科技园（济南）项目。

一、工程概况

工程位于济南市西客站片区，包括 A、B、C、D 四座办公楼及裙房和地下车库。总建筑面积为 197932m²。地下 1 层为立体车库；裙房 4 层为商业；A、C 座为 28 层塔式办公楼，其中 1、2 层为商业用房，3 层以上为办公用房，建筑高度 113.85m；B、D 座为 12 层板式办公楼，其中 1 层为商业用房，2 层以上为办公用房，建筑高度 54.3m。项目鸟瞰图见图 1。

空调面积 166480m²，空调设计冷负荷 15836.6kW，冷负荷指标为 95.1W/m²，空调设计热负荷 117109kW，热负荷指标为 70.3W/m²。空调工程投资概算 4534 万元，单方造价 272 元/m²（不含防排烟系统）。

图 1　项目鸟瞰图

二、暖通系统设计要求

本工程为济南市"东拓、西进、南控、北跨、中疏"发展战略中"西进"的重点项目，A 座、C 座两栋超高层塔楼定位为高端用户，B 座、D 座两栋高层板式办公楼兼顾中端用户，业主明确要求项目应充分考虑绿色、节能要求，具有一定的科技含量，满足国标绿建三星级及 LEED 金级认证要求。

室内设计参数见表1。

室内设计参数　　　　　　　　　　表1

| | 夏季 | | 冬季 | | 新风量
[m³/(人·h)] | 工作区风速（m/s） | | A声级噪声
（dB） |
	温度 （℃）	相对湿度 （%）	温度 （℃）	相对湿度 （%）		夏季	冬季	
商业	27	60	18	—	19	0.3	0.2	45
办公	26	60	22	30	30	0.25	0.2	45
走道、门厅	27	—	18	—	10	—	—	50
公共卫生间	26	—	20	—	—	—	—	—
公共浴室	—	—	25	—	—	—	—	—

三、暖通空调系统方案

1. 空调冷热源及空调方式的确定

针对以下 3 个可行的冷热源及空调方案进行了技术经济比较，比较结果见表2。

方案 1：常规空调系统，热源采用区域锅炉房供热，冷源采用离心式冷水机组。

方案 2：常规空调系统，热源采用 10kV 高压电极式电锅炉＋全量蓄热，冷源采用离心式冷水机组＋冰蓄冷。

方案 3：综合考虑功能划分、甲方定位、绿建要求等因素，各空调区采用不同的空调系统形式，并采用不同的冷热源方式，其中：A、C 座采用温湿度独立控制空调系统，冬季热源采用 10kV 高压电极式锅炉＋全量蓄热，夏季冷源采用离心式冷水机组＋水蓄冷；B、D 座采用空气源多联机系统，其新风系统采用地源热泵系统提供冷热源；裙房采用常规空调系统，冷热源采用地源热泵系统。

方案比较汇总　　　　　　　　　　表2

| | 初投资（万元） | | | 运行费（万元） | | | 机房占地面积
（m²） | 相对于方案1的
投资回收期（a） |
	冬季	夏季	合计	冬季	夏季	合计		
方案 1	1448.5	1271.0	2719.5	676.6	359.4	1036.0	500	—
方案 2	1580.0	1642.0	3222.0	215.6	180.6	396.2	1450	0.8
方案 3	732.0	3802.0	4534.0	388.0	309.6	697.6	1000	5.4

从以上比较可以看出，采用夏季冰蓄冷、冬季电蓄热的方案 2，初投资较常规空调系统（方案 1）略有增加，但运行费用可以大幅度节省，经济性最佳。受制于高压供电线路条件，方案 2 当时无法实施，经业主同意，方案 3 为实施方案。

2. 空调冷热源和空调水系统

空调冷热源由蓄冷系统、蓄热系统、地源热泵系统组成，见图2。

（1）蓄冷设计

水蓄冷系统采用分量蓄冷，削峰率32.2%，为 A、C 塔楼温湿度独立控制空调系统提供14℃/19℃高温冷水。

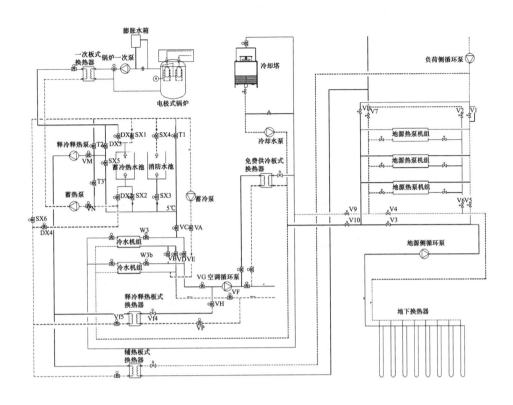

图2 冷热源原理图

蓄冷主机采用2台变频离心式冷水机组，夜间蓄冷工况串联运行，进出水温度分别为17℃/11℃、11℃/5℃；日间空调工况并联运行，进出水温度19℃/14℃。

蓄冷水池总有效容积2800m³，其中380m³与消防水池合用，其余2420m³与蓄热水池合用。水池位于地下1层，层高8.6m，有效水深6m。

（2）电蓄热设计

电蓄热系统采用全量蓄热，为A、C塔楼提供冬季55℃/40℃低温热水。

热源选用2台10kV电极锅炉无压运行，额定功率4MW，锅炉为专线供电，仅在电力低谷时段运行。

电极锅炉与一次板式换热器构成一次侧循环加热系统，循环介质为纯水，供回水温度80℃/55℃，开式膨胀水箱定压。

一次板式换热器与蓄热水池之间构成循环蓄热的二次侧系统，循环介质为软化水，供回水温度75℃/50℃，蓄热水池定压。

（3）地源热泵系统

地源热泵系统为裙房商业常规空调系统及B、D座多联机系统的新风部分提供全年冷热源。地源热泵空调系统夏季设计冷负荷4962.2kW，冬季设计热负荷3904.2kW。

全部地下换热器均布置在地下车库筏板下，井距根据建筑轴线间距按4～5m均匀布置，布置打井816眼，换热器总长度97920m。地下换热器按双U形管布置，埋管管径

De25，成孔井径 Φ150mm，井深 120m（自基础底板底面标高算起），地源循环水设计温度夏季 30℃/35℃，冬季 10℃/5℃。经热物性测试，夏季单位井深换热量为 58W/m，冬季单位井深换热量为 35W/m。

地源热泵机组选择 3 台，夏季制冷 COP 为 5.8，冬季制热 COP 为 4.8。

（4）空调水系统

A 座、C 座温湿度独立调节空调系统，水系统采用一级泵变流量系统，冬夏季分设循环泵。循环泵采用对主机的抽吸式布置，采用高位膨胀水箱定压，定压点设在循环泵吸入口处。

商业及 B 座、D 座新风系统常规空调系统，水系统采用一级泵变流量系统，冬夏季合设循环泵。循环泵采用对主机的抽吸式布置，采用落地膨胀水箱定压，定压点设在循环泵吸入口处。

A、C 座冷源采用开式冷却塔提供冷却水，冷却塔采用共用加高集水盘的组合塔，防止停泵溢水。冷却水补水水源采用市政中水。

A、C 座过渡季节采用冷却塔提供免费供冷，冷却塔一次冷却水设计温度 14℃/19℃，通过板式换热器为系统提供 16℃/21℃二次高温冷水。

负荷侧空调水系统采用两管制异程系统，风机盘管与新风/空调机组分设立管。风机盘管设置动态平衡电动两通阀，新风/空调机组设置动态平衡电动调节阀。

3. 各区域空调系统形式

（1）A、C 座 3 层以上办公部分采用内冷式双冷源独立除湿新风机组加干式风机盘管。新风机组分层设置，分层进风，避难层及屋顶集中排风。

夏季，新风全部的冷负荷、湿负荷、室内全部湿负荷及少量显热负荷均由内冷式双冷源独立除湿新风机组负担，其余显热负荷由干式风机盘管机组负担，冷源来自水蓄冷与高温冷水机组提供的 14℃/19℃高温冷水。

新风机组设有全热回收装置，新风在经全热回收装置预冷后，再经前后两组盘管进行冷却除湿，其中前盘管为冷水盘管，夏季以 14℃/19℃高温冷水为冷媒，用于新风预冷处理；后盘管为直接蒸发盘管，用于新风深度除湿。在机组排风侧，排风在经全热回收后，对内置冷源的冷凝器进行降温（为提高冷却效果，一般采用对冷凝器设置水喷淋的措施）。内置冷源的冷凝热，一部分由排风带走，一部分对深度除湿后的新风进行再热。新风机组设计送风参数为干球温度 20℃，含湿量 8g/kg，确保风机盘管机组在干工况下运行。

冬季，新风经全热回收装置预热后，系统热水流经前盘管对新风进行加热处理。在机组排风侧，排风经全热回收后，直接排向室外。冬季风机盘管热媒水及新风机组热媒水均为 55℃/40℃，来自电蓄热系统。冬季采用带杀菌功能的循环式湿膜加湿装置进行空气加湿，加湿水源为自来水。图 3 为双冷源新风机组功能段组合示意图。

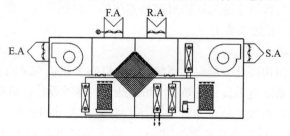

图 3　内冷式双冷源新风机组

（2）裙房及主楼底部商业部分采用温湿度联合控制常规空调系统。商业、大堂空调系统采用一次回风全空气系统，过渡季节满足全新风运行的风量不小于总送风量的70％；夹层采用风机盘管加新风系统。大堂气流组织采用侧送上回方式，其余采用上送上回方式。

（3）B座、D座2层以上办公部分采用多联机加独立数字化智能新风系统。

多联机的室外机分别设于裙房和B座、D座的主楼屋面；室内机采用卡式四出风形式，自带冷凝水提升泵。

独立新风系统采用屋顶设置集中热回收新风机组，分层设置送风机、排风机的形式。分层送、排风机采用数字化直流无刷电动机，额定风量按满足过渡季节送风量为最小新风量的2倍确定，每层回风总管处设置 CO_2 传感器，根据 CO_2 浓度控制送风机、排风机转速。

集中新风机组额定风量取每层最小新风量之和，转轮热回收全热回收效率不小于60％，自带表冷器，由地源热泵提供的集中冷热水夏季制冷、冬季供热，冬季采用带杀菌功能的循环式湿膜加湿装置进行空气加湿。机组的送、排风机采用数字化直流无刷电动机，由数字化新风控制系统分别计算每层实际送、排风机的风量之和，从而进行变速调节。

四、通风防排烟系统

1. 通风系统

办公、商业等主要功能用房均设有可开启外窗实现自然通风；B座、D座预留排油烟竖井，用于商业改造为小型餐饮排油烟，竖井直通屋面。公共卫生间设置机械排风系统，排风机采用数字化EC风机。地下车库平时通风设置诱导式机械通风系统，排风量按每辆车 $400m^3/h$ 计算，送风量不小于排风量的85％。其他机电用房通风均为常规设计。

2. 防排烟系统

防排烟设计均为按规范进行的常规设计。

五、运行控制策略

1. 冷热源

冷热源系统由某公司提供节能管理控制系统，实现设备连锁、群控、能耗计量及以下控制功能。

（1）水蓄冷系统

蓄冷：23：00—07：00，主机串联运行，进出水温度分别为17℃/11℃、11℃/5℃。

释冷：日间通过释冷水泵自蓄冷槽底部抽取5℃冷水，经板式换热器换热后温度升高到17℃，自蓄冷槽上部返回水池。

主机单独供冷：按14℃/19℃高温工况并联运行。

水池释冷与主机联合供冷：联合供冷模式下，根据当地峰谷电价情况，采取避峰运行，即在10：30—11：30尖峰电价时段，仅通过水池释冷运行。

（2）电蓄热系统

蓄热：23：00—07：00，电锅炉运行蓄热。

释热：日间通过释热水泵自蓄热槽上部抽取 75℃ 热水，经板式换热器换热后温度降低到 50℃，自蓄热槽底部返回水池。释热终期温度 50℃。空调侧热媒水设计供回水温度 55℃/40℃。

因电蓄热为全量蓄热模式，不存在锅炉单独供热与联合供热模式。

（3）冷水一级泵变流量系统

根据系统关键点压差变频调节循环泵转速；根据主机蒸发器进出口压差控制旁通阀开度，保证主机最小流量；根据主机压缩机运行电流进行主机的加载或减载。冷水机组要求蒸发器流量范围较宽（宜为 30%～130%），最小流量宜小于额定流量的 50%，允许流量变化率每分钟不小于 30%。

2. 新风免费供冷系统

新风系统采用数字化 EC 风机，额定风量按设计新风量的 2 倍选型，空调季节控制新风量在设计风量下运行，根据室内 CO_2 浓度自动变风量。非空调季节切换到过渡季节模式，按额定新风量运行，实现新风免费供冷。

过渡季节，B、D 座屋顶热回收新风机组的转轮停止运行，同时，送、排风侧分别并联设置与热回收机组送、排风机同风量的数字化风机，该送、排风风机与热回收机组联合运行满足过渡季节加大新风量的需求。

3. 冷却塔免费供冷

过渡季节利用冷却塔为温湿度独立调节空调系统的干式末端提供 16℃/21℃ 高温冷水。

六、工程主要创新及特点

1. 根据项目定位、功能需求，各空调区分别设置不同的空调系统

（1）A 座、C 座甲方定位为高档办公楼，采用温湿度独立控制空调系统，以提供舒适的室内环境。

（2）B 座、D 座为普通商务办公楼，有分户计量需求，采用多联机系统；

（3）商业部分采用普通温湿度联合控制空调系统。

2. 基于内冷式双冷源独立新风的温湿度独立控制空调系统

A 座、C 座采用内冷式双冷源独立除湿机组提供独立除湿新风，采用干式风机盘管提供末端供冷。内冷式双冷源独立除湿新风机组采用与干式末端相同的高温冷水，系统简单，与冷却除湿、溶液除湿、转轮除湿等除湿方式相比，利用高温冷源的比例更高，节能性更好。

采用冷却塔为温湿度独立调节空调系统过渡季节提供免费供冷冷源，由于温湿度独立调节空调系统需求的为高温冷水，可以延长冷却塔供冷时间，降低主机机械制冷需求。

3. 复合式地源热泵系统应用

地源热泵系统在为裙房商业温湿度联合控制系统提供冷热源的同时，为 B、D 座多联机的新风系统提供冷热源，该做法降低了多联机的配置容量，提高了系统综合能效，具有一定的节能效果。同时，充分利用地下车库筏板面积布置地下换热器，提高了可再生能源的利用比例。

为保证地源热泵系统的全年负荷平衡，蓄热系统通过板式换热器为地源热泵提供辅助供热，冷却塔为地源热泵提供辅助散热。

4. 基于高温供水、大温差蓄水的蓄冷系统设计

与温湿度独立控制空调系统需求的 14℃/19℃ 高温冷水对应，冷源采用分量高温、大温差水蓄冷系统，其蓄冷主机采用 2 台变频离心式冷水机组，蓄冷工况时串联运行，第 1 主机设计进出水温度 17℃/11℃，第 2 主机设计进出水温度 11℃/5℃，蓄冷终期温度 5℃。日间释冷温度 12℃（换热后为系统提供 14℃ 高温冷水），系统回水温度 19℃，水池回水温度 17℃（释冷终期温度 17℃），蓄冷温差 12℃，实现高温供水、大温差蓄冷，单位蓄冷能力 $10.9\mathrm{kW \cdot h/m^3}$，大幅度提高了蓄冷水池的利用效率。

夜间蓄冷工况时，第 1 主机为高温工况，$COP=6.94$，远大于名义工况（$COP=6.0$），第 2 主机为常温工况，$COP=5.31$，略低于名义工况，2 台主机的平均 $COP=6.13$，高于名义工况。实现了蓄冷也节能的效果。日间空调工况时，2 台主机以 14℃/19℃ 高温工况并联运行，$COP=7.42$，节能效果显著。

5. 蓄冷、蓄热有机结合

夏季蓄冷采用 12℃ 蓄冷温差，蓄冷所需容积 $2800\mathrm{m^3}$，其中 $380\mathrm{m^3}$ 为与消防水池合用。

冬季空调系统供回水温度 55℃/40℃，电极锅炉一次侧设计温度为 80℃/55℃，蓄热温度 75℃，蓄热温差 25℃，所需蓄热水池容积与减掉消防水池的蓄冷水池容积基本一致，实现蓄冷、蓄热的有机结合。

6. 数字化新风系统应用

数字化节能健康新风系统是指采用数字化风机（直流无刷 EC 风机）、CO_2 及其他控制手段，实现空调季节新风量自动调节、过渡季节新风量可变的新风系统。

A、C 座分层设置内冷式双冷源新风机组，分层水平进风，集中竖井排风。内冷式双冷源新风机组的送、排风机，集中排风机均采用 EC 风机。EC 风机额定风量按设计新风量的 2 倍选型，空调季节控制新风量在设计风量下运行，根据室内 CO_2 浓度自动变风量。非空调季节切换到过渡季节模式，按额定新风量运行，实现新风免费供冷。

B、D 座屋顶集中热回收新风机组＋分层送、排风机，所有风机均采用 EC 风机，其中分层 EC 风机额定风量按设计新风量的 2 倍配置。空调季节，新风量在设计风量下运行，根据室内 CO_2 浓度自动变风量。过渡季节，分层风机按额定风量运行，屋顶热回收机组的转轮停止运行，同时，送、排风侧分别并联设置与热回收机组送、排风机同风量的数字化风机，与热回收机组联合运行满足过渡季节加大新风量的需求。

七、运行及检测情况

1. 运行情况

项目自 2018 年竣工逐步投入运行，效果良好，基本达到设计要求。根据物业提供运行费用，冬季运行费用折合为 22 元/m²，显著低于济南市集中供热 39.8 元/m² 的收费标准，夏季运行费用为 19.1 元/m²，低于同类建筑运行费用。

2. "大师杯"检测情况

2021 年 9 月 30 日,合肥通用机电产品检测院有限公司对项目的制冷系统进行了现场检测,检测当日室外湿度较大,运行人员早晨开机为迅速降低室温,将主机设定到常规供水温度,检测工况即为该常规制冷工况。检测结果显示,该制冷机房系统能效比为 5.39kW·h/kW·h。

山东海洋科技大学主校区

- 建设地点：　　山东省潍坊市
- 设计时间：　　2016 年 9 月—2018 年 4 月
- 竣工时间：　　2020 年 8 月
- 设计单位：　　山东建筑大学设计集团有限公司
- 主要设计人：冯廷龙　　王光芹　　张国凯
　　　　　　　曲晓宁　　张永顺　　刘小浩
- 本文执笔人：冯廷龙

作者简介：

　　冯廷龙，高级工程师，山东建筑大学硕士研究生合作指导教师，获得全国优秀工程勘察设计奖 3 项，省级优秀工程设计奖 17 项，获得"第四届济南市优秀青年工程设计师""山东优秀援疆人才"称号。

一、工程概况

　　山东海洋科技大学主校区位于山东省潍坊市滨海区渤海东路 002016 号，冷热源为地源热泵系统。南区项目包括 1 栋学术交流中心、1 栋综合服务楼、3 栋教学楼和 4 栋公寓楼，总建筑面积 122539.19m²。其中学术交流中心地上 3 层、地下 1 层，建筑高度 14.40m，使用功能为会议和住宿；综合服务楼地上 3 层、地下 1 层，建筑高度 16.05m，使用功能为超市、小卖部、餐厅和厨房；教学楼地上 4 层，建筑高度 17.10m，使用功能为教学、实训用房；公寓楼地上 6 层，建筑高度 23.55m，使用功能为学生宿舍。项目外景见图 1。

图 1　项目外景

空调冷负荷 12008.84kW，单位建筑面积空调冷指标为 98W/m²；空调热负荷 8332.66kW，单位建筑面积空调热指标为 68W/m²。空调通风工程投资概算为 4305.63 万元，建筑面积单方造价 351.37 元/m²。

二、暖通空调系统设计要求

1. 设计参数确定

根据 GB 50736—2012《民用建筑供暖通风与空气调节设计规范》，选用山东潍坊室外气象参数见表 1，室内设计参数见表 2。

室外气象参数　　　　　　　　　　　　　　　　　　　　表 1

	夏季	冬季
大气压力（hPa）	1000.9	1022.1
空调室外计算干球温度（℃）	34.2	−9.3
空调室外计算湿球温度（℃）	26.9	—
空调室外计算相对湿度（%）	—	63
室外平均风速（m/s）	3.4	3.5

室内设计参数　　　　　　　　　　　　　　　　　　　　表 2

	温度（℃）		相对湿度（%）		新风量 [m³/(h·人)]	A 声级噪声（dB）
	夏季	冬季	夏季	冬季		
门厅	27	18	≤65	—	10	≤50
办公室	26	20	≤65	—	30	≤45
会议室	26	20	≤65	—	15	≤45
客房	26	20	≤65	—	30	≤40
餐厅、超市	27	18	≤65	—	30	≤50
包间	26	20	≤65	—	30	≤45
教室	26	20	≤65	—	28	≤40
宿舍	26	20	≤65	—	30	≤40

2. 功能要求

项目按照二星级绿色建筑标准进行建设，暖通空调系统设计需满足室内功能的需求，包括温度、湿度、新风量、噪声、节能环保等。空调系统由建设方所属企业潍坊地恩新能源管理有限公司运营，除满足基本需求外，空调系统运营方在建设之初就确定了绿色、节能、环保的运维理念，在全寿命周期内最大限度节约能源。

3. 设计原则

考虑绿色校园创建标准的要求，暖通空调系统的设计原则主要包括以下几点：

（1）根据场地条件和周边配套，合理选择可再生能源以满足项目供冷供热需求。

（2）按照功能规划，教学区和生活区的室外输配系统分环路设置，提高水力平衡性。

（3）注重用户体验，针对不同室内空间采用合适的空调末端，满足室内环境。

三、暖通空调系统方案比较及确定

1. 空调冷热源

项目位于山东省潍坊市滨海新区，环渤海湾南岸，周边未配套建设市政供热管网。针对空调系统的使用特点，结合国家及地方政策，在选择冷热源方案时，充分考虑采用可再生能源。项目功能为大学园区，区域内建筑单体有教室、餐厅、超市、宿舍、会议、住宿等不同的使用功能，项目运行后，师生在教学区和宿舍区之间交替使用，各建筑单体间将出现负荷错峰，有利于降低同时使用系数。

针对以上特点，空调冷热源对以下 3 种方案进行对比选择。方案 1：电动压缩式冷水机组＋燃气热水锅炉；方案 2：空气源热泵机组；方案 3：地源热泵机组。空调冷热源方案比选见表 3。

空调冷热源方案比选　　　　　　　　　　　表 3

	方案 1	方案 2	方案 3
	冷水机组＋燃气锅炉	空气源热泵机组	地源热泵机组
冷热源初投资（万元）	1400	1925	2345
末端初投资（万元）	1960.63	1960.63	1960.63
初投资合计（万元）	3360.63	3885.63	4305.63
冷热源年运行费用（万元）	647.25	544.32	388.82
单位面积运行费用（元/m²）	52.88	44.42	31.73

根据初投资及运行费用分析，方案 1 初投资最低，方案 2 居中，方案 3 初投资最高。结合建筑节能与可再生能源利用的要求和经济技术分析，本项目采用方案 3 作为空调系统冷热源，相比方案 1 投资增量回收期约 4 年，相比方案 2 投资增量回收期约 3 年。

2. 空调水系统

热泵机房位于负荷中心，可有效减少管道长度，并降低冷热量损失。室外冷热水系统分为 4 个支路，异程直埋敷设，每个支路可独立运行，方便用户自主调节，系统水力平衡性能良好。室内采用共用立管的双管异程系统，组合式空调机组、新风机组、风机盘管等空调末端采用两管制接入。室内水系统在各立管、水平支管处均设置手动调节阀，保证初调节的水力平衡；风机盘管等需双位调节的末端设备采用双位调节的电动两通阀；组合式空调机组、新风机组等需连续调节的末端设备采用比例调节的电动调节阀。能源站位置及冷热水输配管网见图 2。

3. 空调末端

空调末端系统有风机盘管加新风系统、全空气系统和直流式（全新风）系统等。

教室、宿舍、办公等场所均采用风机盘管＋全热回收式新风换气系统，全热回收式新风机组设置于各层空调机房或吊顶内，新风取自室外，室内回风经热回收利用后排至室外。风机盘管设置在房间吊顶内，采用上送上回或侧送上回的气流组织形式。

综合服务楼大空间采用一次回风单风机定风量全空气空调系统＋排风系统，排风机按人员新风量确定与新风电动阀联合控制，过渡季至少可 70% 全新风运行，空调支管均设置风量调节阀。

综合服务楼厨房采用直流式新风系统＋排风系统，送风设加热及表冷盘管，用于夏季降温及冬季加热新风，可调新风比直至全新风系统。

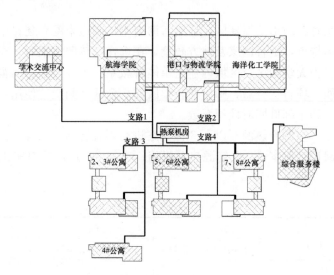

图 2　冷热水输配管网

四、通风防排烟系统

（1）教学、宿舍、餐厅、办公等房间均设置外窗，通风开口有效面积不小于房间地面面积的 5％；厨房通风开口有效面积不小于房间地面面积的 10％。室外环境允许时优先考虑自然通风，降低运行能耗。教学、宿舍、餐厅、办公区域同时设置新风换气系统，房间空调开启后关闭外窗，开启新风换气系统，避免冷热量损失。

（2）厨房设置局部排风系统，局部排风系统由排烟罩承担，系统在屋顶设置油烟净化器和排油烟风机，排风处理达标后高空排放。厨房另外设置全面排风及机械补风系统，由低噪声通风柜承担，补风量不小于局部排风量的 80％。

（3）车库每个防火分区按照不大于 2000m² 划分防烟分区，防烟分区之间用固定挡烟垂壁分隔。车库平时采用全面通风系统，每个防火分区按不同防烟分区分别设 2 套送风兼补风系统，2 套排风兼排烟系统。排风机采用双速风机，平时低速排风，火灾时高速排烟。

（4）地下变配电室设置独立的机械送排风系统，换气次数按 $8h^{-1}$ 计算，排风温度 $\leqslant 40℃$。

（5）楼梯间均采用自然通风系统。地下 1 层楼梯间不与地上楼梯间共用，首层设置直通室外的疏散门作为自然通风口；地上楼梯间在最高部位设置面积不小于 1.0m² 的可开启外窗或开口，且在楼梯间的外墙上每 5 层内设置总面积不小于 2.0m² 的可开启外窗或开口。

（6）走廊设机械排烟系统，排烟量按照每个防烟分区不小于 13000m³/h 计算；地上设置机械排烟的房间其排烟量应按不小于 60m³/（h·m²）计算，且取值不小于 15000m³/h。排烟口的手动驱动装置应固定安装在明显可见、距楼地面 1.3～1.5m 之间便于操作的位置，排烟风机设置于排烟机房内。

五、控制系统

1. 地源热泵机房

项目自控系统集计算机技术、控制技术、通信技术以及显示技术于一体，实现集中监测管理和分散采集、控制。采用 PLC 为主体构成的采集、控制系统性价比高、系统配置灵活。具有以下几个特点：

（1）提高设备利用率，保证质量，通过安装在现场的仪表，连续监测各种工艺参数，自控系统可以根据这些参数，协调各工艺设备之间的关系，保证设备的充分利用，并根据仪表检测到的数据及时纠正偏差，从而保证了质量。

（2）保证系统运行可靠，由于在各工艺流程段设置了相应的水质检测仪表，可以监测到各设备的运行参数和运行状态，随时发现设备故障，并及时报警。

（3）由于实行微机优化控制，可以节省日常运行费用，降低成本。

（4）节省人力和减轻人工劳动强度。操作人员通过操作站的人机界面监视生产过程，调整参数，还可以预测或寻找故障，操作员始终处于远程监视与可控状态中，实现对现场设备运行的过程控制。

2. 空调末端

（1）空气处理机组（新风处理机组）：控制系统由冷暖型比例积分控制器、装设在（送）回风口的温度传感器及装设在回水管上的电动调节阀组成。系统运行时，温度控制器把温度传感器所检测的温度与温度控制器设定温度相比较，并根据比较结果输出相应的电压信号，以控制电动两通阀的动作，通过改变水流量，使（送）回风温度保持在所需要的范围。空调机组以回风温度作为控制信号；新风机组以送风温度为控制信号。空气处理机组（新风处理机组）控制按钮设在该层机房内，就地控制，楼宇自动控制系统可以远程监控。

（2）风机盘管：控制系统主要由风机盘管用两位调节的室内温度控制器、三速调节器及装在回水管上的电动两通阀组成，系统运行时，室内温度控制器把温度传感器所检测的室内温度与温度控制器设定温度相比较，并根据比较结果输出相应的电压信号，以控制两通电动阀的动作，通过改变水流量，使室内温度保持在所需要的范围。可用三速开关调节室内循环风量及室内温度。

六、工程主要创新及特点

1. 地埋管换热器设计

项目建设单位委托山东建筑大学地源热泵研究所对区域内的浅层地热资源进行了调研，在经过相关测试和分析计算后，形成了《山东（潍坊）公共实训基地一期、山东海洋技术大学项目岩土热响应测试报告》，根据报告，该地区利用浅层地热资源的条件如下：

（1）项目处于渤海莱州湾南岸，为粉砂淤泥质海岸，该区钻孔钻域深度 100m 以上地质构造以卵砾石与泥砂岩为主，导热性较好，地层岩性可钻性较好，4 个测试孔区域的地质构造见表 4。

钻孔编号	地下深度（m）					
	10～20	21～30	31～70	71～90	91～100	101～110
1	粉砂	粉砂	粉砂	细沙	细沙	砂砾
2	粉砂	粉砂	粉砂	细沙	砂砾	砂砾
3	粉砂	粉砂	粉砂、细沙	细沙	细沙、砂砾	沙砾
4	粉砂	粉砂	粉砂、细沙	细沙	细沙	沙砾

项目所在区域地质构造　　　　表 4

（2）测试分别采用了 De32 单 U 和双 U 形换热孔，结果显示，岩土体平均原始温度为 15.5℃，平均综合导热系数为 1.568W/(m·℃)，平均比热容为 1.860×106J/(m³·℃)。对于双 U 形地埋管，冬季每延米换热量为 38～42W/m，夏季每延米换热量为 60～65W/m；对于 De32 单 U 形地埋管，冬季每延米换热量为 32～36W/m，夏季每延米换热量为 51～56W/m。

根据报告提供的相关测试数据，项目所在地钻孔难度不大，为降低热负荷密度，采用 De32 单 U 形换热管。设计钻孔间距为 4m，钻孔直径为 150mm，埋管深度 100m，冬季设计供回水温度为 8℃/4℃，夏季设计供回水温度为 35℃/30℃。相比于当地冷却塔系统 37℃/32℃的运行工况，采用地源热泵系统可以降低主机冷凝温度，机组输入功率降低了 6％左右，排入土壤的热量可供热泵机组冬季吸热，不会对大气造成热污染。夏季最大释热量 8631.81kW，计算钻孔长度 162864m，折合换热孔数量 1629 个；冬季最大吸热量 5220.79kW，计算钻孔长度 153553m，折合换热孔数量 1536 个。考虑 10％左右的安全系数，共设计换热孔 1800 个。

结合项目平面布置，地埋管换热器分别在教学区北侧、宿舍区南侧和能源站两侧布置，能源站设置在地埋管区域中心，有利于实现地源侧水力平衡。地埋管换热器分 3 个区域呈长条状布置，可有效减少热量聚集，提高换热效率。地埋管换热器布置详见图 3。

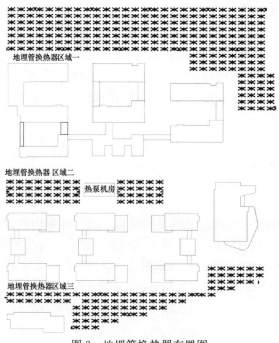

图 3　地埋管换热器布置图

2. 地埋管换热系统冷热平衡分析

地埋管换热系统应对全年冷热平衡进行校核计算，即在一个完整的供冷季和供暖季，实现地源热泵系统释热量和吸热量的基本平衡。项目采用山东建筑大学地源热泵研究所开发的地埋管换热器设计和模拟软件"地热之星 V3.0"进行分析计算，夏季空调使用时长约 3 个月，地埋管系统累计向土壤释热量为 14623GJ/a；冬季供暖期约 4 个月，地埋管系统累计从土壤吸热量为 14089GJ/a；平均地温约升高 0.15℃，年不平衡率为 4%，地埋管系统的总释热量和吸热量基本平衡。

七、运行分析

1. 系统运行能效

为获得运行资料并保证数据的可靠性，笔者委托合肥通用机电产品检测院对项目进行了系统测试并出具了检测报告。根据检测报告，2021 年 7 月 17 日至 8 月 16 日期间，系统总制冷量为 138106.800kW·h，系统总耗电量为 34492.500kW·h，系统运行能效比为 4.00kW·h/kW·h（报告检查对象为集中空调制冷机房系统，不包含空调末端耗电量）。系统运行能效比曲线见图 4。

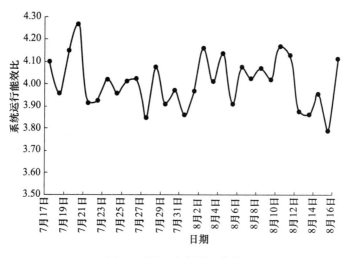

图 4　系统运行能效比曲线

2. 经济效益分析

根据项目运营方潍坊地恩新能源管理有限公司提供的数据，该项目 2018—2020 年期间的运行成本见表 5。

项目运行成本　　　　　　　　　　　　　　　　　　表 5

	空调运行面积（万 m²）	用电量（kW·h）	用水量（m³）	电价（元/kW·h）	水价（元/m³）	总费用（元）	运行成本（元/m²）
2018—2019 夏季	6.46	442752	1148	0.501	3.800	226181.15	3.50
2018—2019 冬季	8.41	1001742	390	0.501	3.800	503354.74	5.99
2019—2020 夏季	8.41	583941	92	0.501	3.800	292904.04	3.48
2019—2020 冬季	8.41	967401	168	0.501	3.800	485306.30	5.77

　　项目分期建设，不同年度运行面积和入住率均有所变化，假期部分空调开启，通过表 5 数据可以看出，供暖季平均运行成本为 6.69 元/(m² · a)，供冷季平均运行成本为 3.49 元/(m² · a)，年平均运行成本为 10.18 元/(m² · a)，费用比传统供冷供热方式大幅降低。

　　测试和运行数据对项目的后期评价提供了有力支撑，并为项目空调系统的优化运行提供思路，便于进一步深入挖掘节能潜力。